拿出勇气，活出你想要的生活。
如若不然，你的想法只会追随你的生活。
——保罗·布尔热

通过视频教学轻松制作

超人气儿童毛毡玩具

［韩］朴贞善　著

张欣　译

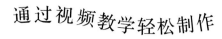中国纺织出版社

原文书名：친절한 엄마표 펠트 장난감 DIY
原作者名：박정선
"Handmade Felt Toys" by Park jung sun
Copyright © 2013 Park jung sun
All rights reserved.
Originally Korean edition published by Turning Point Academy
The Simplified Chinese Language edition © 2016 China Textile & Apparel Press
The Simplified Chinese translation rights arranged with Turning Point Academy
Through EntersKorea Co., Ltd., Seoul, Korea.

著作权合同登记号：图字：01-2015-4381

图书在版编目（CIP）数据

超人气儿童毛毡玩具/（韩）朴贞善著；张欣译. --北京：中国纺织出版社，2016.12

ISBN 978-7-5180-2630-2

Ⅰ.①超… Ⅱ.①朴… ②张… Ⅲ.①羊毛—毛毡—手工艺品—制作 Ⅳ.① TS973.5

中国版本图书馆 CIP 数据核字（2016）第 112538 号

责任编辑：阮慧宁　　　　责任印制：储志伟
装帧设计：培捷文化

中国纺织出版社出版发行
地址：北京市朝阳区百子湾东里 A407 号楼　邮政编码：100124
销售电话：010—67004422　传真：010—87155801
http://www.c-textilep.com
E-mail: faxing@c-textilep.com
官方微博 http://weibo.com/2119887771
北京市雅迪彩色印刷有限公司印刷　各地新华书店经销
2016 年 12 月第 1 版第 1 次印刷
开本：889×1194　1/16　印张：15
字数：242 千字　定价：68.00 元

前言

　　我从事毛毡制作已经十多年了。我在生第一个孩子时开始做针线活，到现在已经有 3 个孩子了。老三已经5岁，经常在我旁边用她的小手拿着剪刀让我给她剪下一段线，看着她生疏地玩针线活，真的会令人开怀大笑。我几乎每天都要设计新的作品，或为孩子们做些必需品，有时也会没有什么新想法，但是到了第二天就会有新主意。每完成一个作品，孩子们都非常喜欢，喜欢我作品的朋友们也会来找我，这种欣喜会陪伴我一整天。

　　我的第二本书《超人气儿童毛毡玩具》（친절한 엄마표 펠트 장난감 DIY）跟第一本书아름다운 펠트공예（《美丽的毛毡玩具》）一样，初学者也可以很容易学会，我也致力于将可独立创新的知识与技巧融于本书中，使读者可以自发地向高阶迈进。希望本书可以对那些想要做出新作品的读者有巨大帮助。

　　我在此对让我安心、健康成长的3个孩子和给我支持帮助的孩子父亲表示感谢，永远爱你们。还要感谢为我的第二本书出版而付出辛苦的"Turning Point"相关人员，衷心感谢你们。

200%合理利用视频课程

视频1-01
毛毡制作简介

视频1-02
毛毡布的种类

视频1-03
毛毡制作时使用的工具

视频1-04
毛毡制作时使用的辅助材料

视频1-05
绒布的使用方法

视频2-01
打结

视频2-02
锁边缝

视频2-03
平针勾缝

视频2-04
贴花装饰

视频2-05
回针缝

视频2-06
轮廓针

视频2-07
法式结

视频2-08
夹缝

视频2-09
热熔胶枪的使用方法

视频2-10
通过实例学习基本针法

视频3-01
缝扣子

视频3-02
拉链的缝合

视频3-03
组装身体

视频3-04
贴水钻

视频3-05
制作珠花

视频3-06
制作卷心

视频3-07
制作玫瑰花

视频3-08
制作康乃馨

视频4-01
多彩足球

视频4-02
菱花骰子

视频4-03
铃铛手环

视频4-04
娃娃头花

视频4-05
数字布书

视频4-06
兔子不倒翁

视频4-07
多彩南瓜球

内容结构一览

❺ 裁剪毛毡布

为了充分利用毛毡布，采用将毛毡布按颜色分类，把图纸摆放其上的方法，这样能一眼看出毛毡的大小。图纸全部在本书后附的实物图形纸样上。

❷ 视频课件

每处二维码对应的视频包含了毛毡基础知识及针法，使用材料和成品制作课程。可以用手机扫描二维码观看。

❸ 适用年龄

标示适合玩毛毡玩具的幼儿年龄。

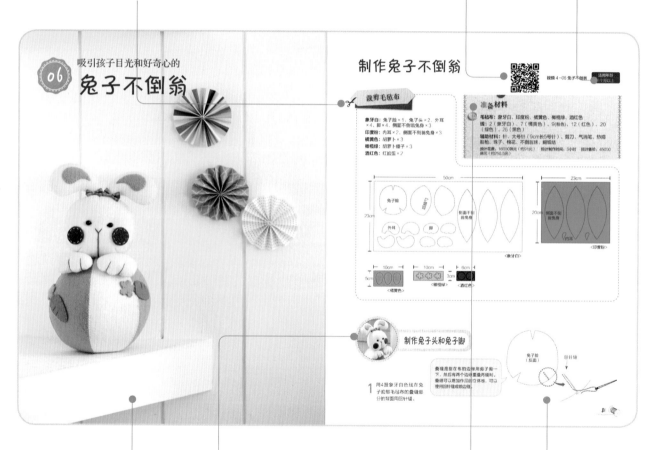

❶ 毛毡成品

图片中的作品就是成品。

❻ 制作过程

制作过程的步骤标题。

❹ 准备材料

制作时需要的毛毡、线和其他材料清单。包括预计材料费用、制作时间、成品单价。帮助读者更好地理解作品。

注：单价以2016年5月3日的韩元与人民币汇率计。

❼ 详细展示制作过程

为方便初学者轻松学会制作方法，特意用图解的方法进行详细、清晰的说明。

❽ Tip

为了更好地理解制作
过程，进而进行更加
详细的说明，提醒注
意事项。

❾ 红色指示文字

标注使用的针法，即使只看插图也可以
理解制作方法。

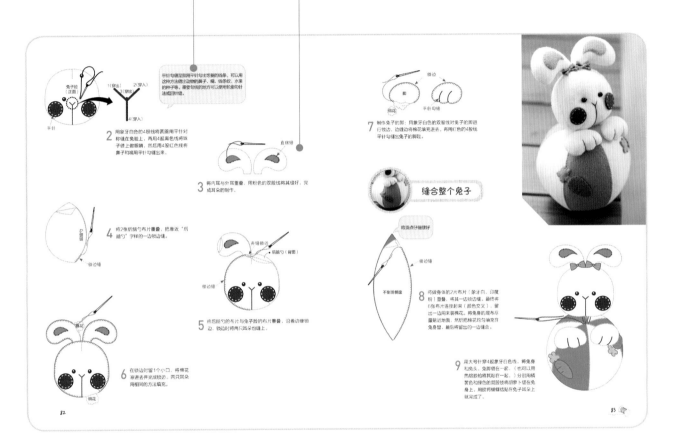

❿ 售后服务

如果您有与此书相关的问题，请关注我们的公众号（shouyi shijie）或者发邮件到ZFSG@foxmail.com里
提问，我们会尽力回答。

目录

PART3

跟着视频轻松做第一件玩具

PART4

漂亮实用的儿童玩具

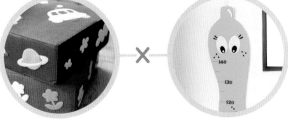

目录

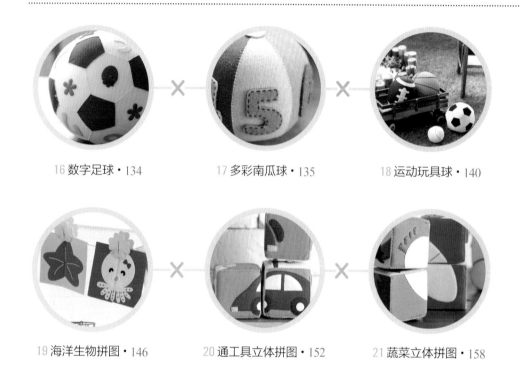
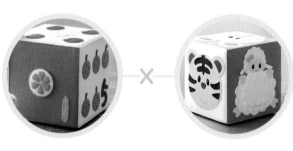

PART6

培养想象力和创造性的创意玩具

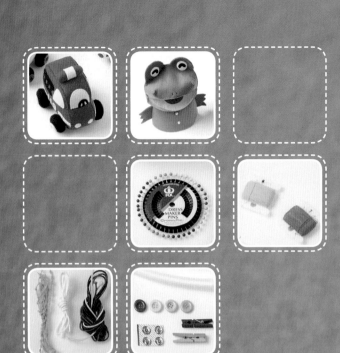

PART 1

毛毡基础

毛毡布的种类

视频 1-02 毛毡布的种类

毛毡布与一般的布不太相同，没有织纹，边缘可以裁剪得很干净，上色能力很强，包含多种颜色与厚度，是十分好用的工艺材料。广泛应用于刺绣图案、教具、玩具、箱包、帽子等，除此之外，毛毡布还用于各种生活物件的制作。因为在制作时不用将毛毡布翻面，而是可以直接缝制，所以比其他布料制作更容易。毛毡布还具有不易起褶、容易清洗的优点。

▮ 硬毛毡

羊毛毡作为代表性毛毡布，广泛应用于刺绣、玩具、手工艺等领域，硬毛毡表面光滑不变形，多用于制作儿童玩具和教具，厚度一般为1.2~3mm。平常所说的毛毡布一般情况下指硬毛毡。
※ 代表作品：骰子、车、书。

2 软毛毡

软毛毡又被称为皇家毛毡，是厚度为1~2mm、柔软的高级布料。这种材质柔软结实，用手摸会起毛，所以多用于制作看起来好看的生活小物品。厚度为1mm的软毛毡，主要用于制作有褶皱的生活物品。厚度为2mm的软毛毡，主要用于制作手偶和包。
※ 代表作品：青蛙手偶、玫瑰花。

3 防起毛的毛毡布

防起毛的毛毡布十分高级，具有良好的透气性，很少起毛，极好地改进了一般毛毡布的缺点，厚度为2.5mm，这种毛毡布本身具有一定厚重感，广泛用于制作包和帽子等物品。
※ 代表作品：球类、拖鞋。

4 防滑毛毡布

防滑毛毡布是对普通毛毡布进行发泡处理的一种毛毡布，具有极强的防滑能力。多用于制作鞋底，也可用于各种生活用品的装饰，为作品增加亮点。
※ 代表作品：拖鞋。

毛毡制作时使用的工具

视频 1-03 毛毡制作时使用的工具

1 线

线是做针线活的必需品，通常在缝合毛毡片时使用。一般会用与毛毡片颜色一致的线，也可以用与毛毡片颜色形成对比色的线，这样搭配可以更好地彰显个性。一般使用双股线，也可以使用4股或8股线。

2 针

使用顺手的针可以把针线活做得更漂亮。最好使用长度为3~4cm的5~8号针。针的型号越大，尺寸越小。太粗的针会在布上留下针眼，使用的时候一定要谨慎。

3 剪刀

在裁剪图案和毛毡布时会使用剪刀。但是要准备两把剪刀，分开使用才能保护剪刀的刀锋，延长使用寿命。迷你剪刀可以用来裁剪玩偶的眼睛和鼻子之类的小部件，或者可以用来剪小孔。

4 剪刀钳

在填充棉花时需要使用钳子。剪刀钳可以通过小口很容易地将棉花填充进去，将棉花填充均匀使玩偶外观更整洁。

5 笔

毛毡产品没有将里子向外翻的过程，所以会看到在表面做的标记和线的痕迹。因此，我们就需要使用气消笔，墨水可以在几天之内气化挥发。深颜色的毛毡布上建议使用白色的笔，标注例如雀斑、水果种子之类的斑点时最好使用签字笔。如果在毛毡布上使用绣十字绣时用的水溶笔，有可能会造成晕染，在使用时图案要画在毛毡布背面。

6 大头针

一次性缝制多片毛毡布时，可以用大头针将多片固定在一起，防止布片移动。在缝毛巾布时这种方法十分有用。

7 热熔胶枪

视频 2-09 热熔胶枪的使用方法

用电将热熔胶棒（EVA树脂）熔化，将魔术贴（尼龙塔扣）等辅助材料粘合，或用于粘毛毡布。

8 黏着剂

主要用于粘合难以缝制的小块布片，如眼睛等。

9 打孔器

主要在打孔时使用。如给线装玩具书打孔。

10 胶水

主要在制作图案和字母时使用。

11 穿线器

主要用于穿针引线，特别是在同时穿4股以上的线时十分方便。

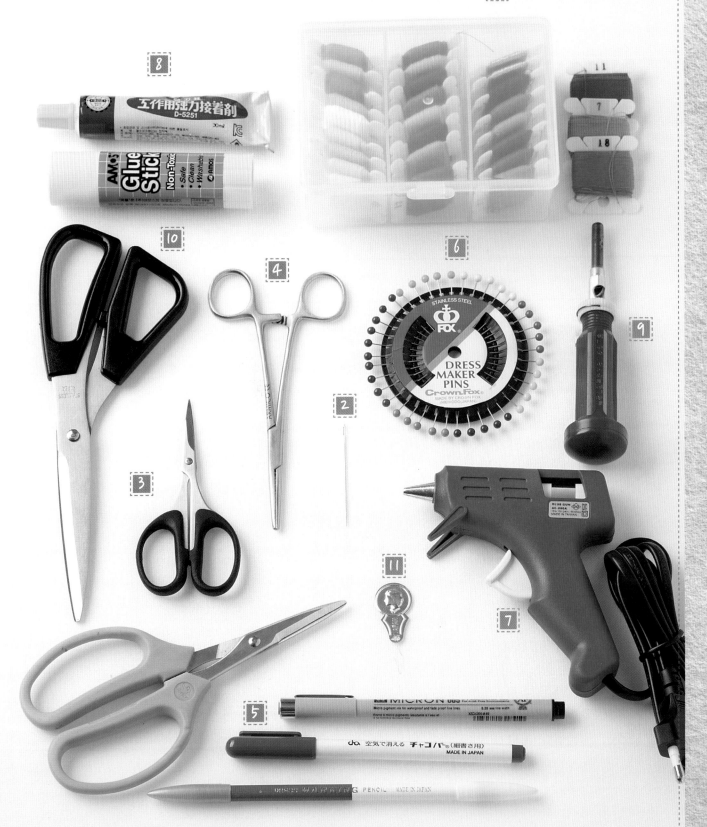

毛毡制作时使用的辅助材料

1 八音盒，钟表机芯

八音盒是一种上发条后会播放音乐的装置。有的八音盒只有一种音乐，有的有多种音乐可以选择。钟表机芯是一种钟表附件，在钟表的背后，放入电池，即可像普通钟表一样使用。

2 挂件支架

挂件支架是在制作挂件时使用的附件，由两条杆和一个s形挂钩组成。

3 卡扣，海绵

卡扣用于调节包带长短。海绵则主要在制作拼图玩具时使用。如果在制作教具时要使用海绵，最好使用硬海绵。

4 纽扣，木质夹子，各种珠链

圆形的普通纽扣一般用于制作纽扣玩具，金属子母扣一般用于制作可拆卸教具，木质夹子一般用于制作晾衣竿之类的玩具，或者用于固定照片或生活物品。珠链和手机链主要用于制作可悬挂的装饰物品。

5 铃铛

广泛用于发出声响的玩具和教具。有扁平形、圆形等各种形状。

6 音乐芯片，不倒翁球体

音乐芯片主要用在按捏会发出声音的娃娃身上，不倒翁球体用于制作不倒翁。

7 特殊手感的材料

主要包括羊毛布、毛巾布、皮革纸、镜面纸、魔术贴、气泡膜等。

8 拉链，各种绳材

拉链主要用于教具和生活物品的制作。毛线主要用于制作娃娃的头发。装饰绳主要用于外部装饰，棉绳主要用于挂件的制作。橡皮绳主要用于制作头绳等物品。

9 裁剪的字母、图案

由机器裁剪而成，可贴于作品上。

10 棉花

主要用于填充在娃娃里可以使之变立体。填充球体时，使用便宜些的云朵状棉花即可。填充娃娃时，使用结块较少的水滴状棉花。布艺棉衬是一种压缩棉，夹在毛毡布之间使成品有柔软的感觉。

11 棉花球、陶制花盆

棉花球呈圆球状，很容易用针缝制，多用于装饰，也可以代替扣子使用，十分可爱。陶制花盆主要用于装饰。

绒布的使用方法

视频 1-05 绒布的使用方法

　　绒布又被叫做"魔术贴起毛布"，是一种很容易粘贴的布料。长时间使用也不会起球，粘贴在玩具上具有很好的效果。绒布分为可粘贴和不可粘贴两种。可粘贴绒布，是在不可粘贴绒布的背面，涂抹一层有黏性的物质，再贴上一层纸制作而成的，类似于不干胶。揭掉可粘贴绒布背面的纸，将其贴在孩子们的游戏盘或抽奖盒上，具有良好的效果。

将绒布贴在抽奖盒上，可以制作成周岁抓周盘。将魔术贴贴在字母和小装饰上，可以随意粘贴。宝宝抓周后，可以再次利用绒布，将抓周盘改造成游戏盘挂在家里的墙上。

将绒布贴在毛毡布上，可以做成孩子喜欢的游戏盘。游戏盘上的图案可以一个一个摘下来，非常便于携带和保管。也可以在汽车和建筑物背面贴上魔术贴，制作成交通玩具。

线的26色表

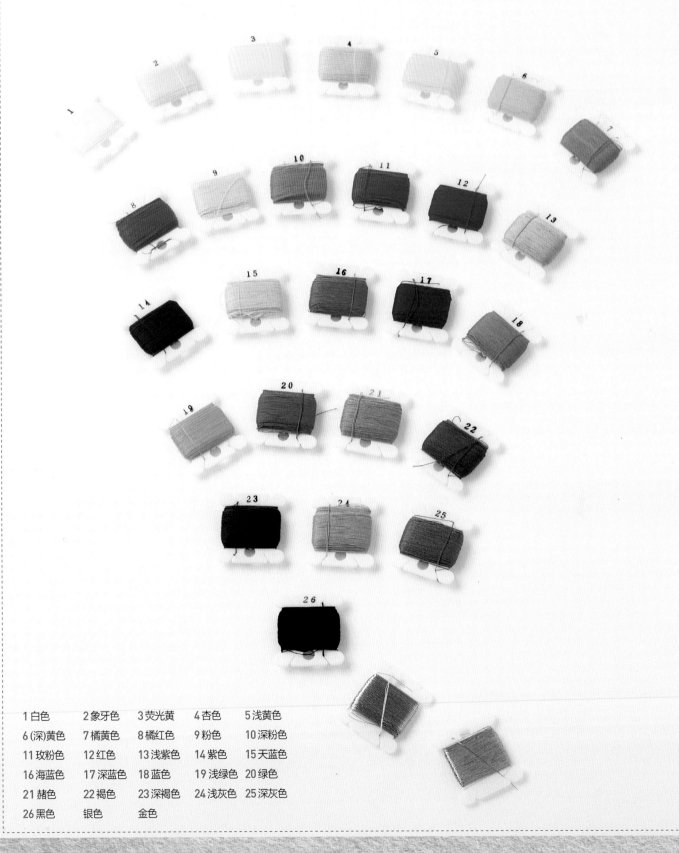

1 白色	2 象牙色	3 荧光黄	4 杏色	5 浅黄色
6 (深)黄色	7 橘黄色	8 橘红色	9 粉色	10 深粉色
11 玫粉色	12 红色	13 浅紫色	14 紫色	15 天蓝色
16 海蓝色	17 深蓝色	18 蓝色	19 浅绿色	20 绿色
21 赭色	22 褐色	23 深褐色	24 浅灰色	25 深灰色
26 黑色	银色	金色		

硬毛毡的56色表

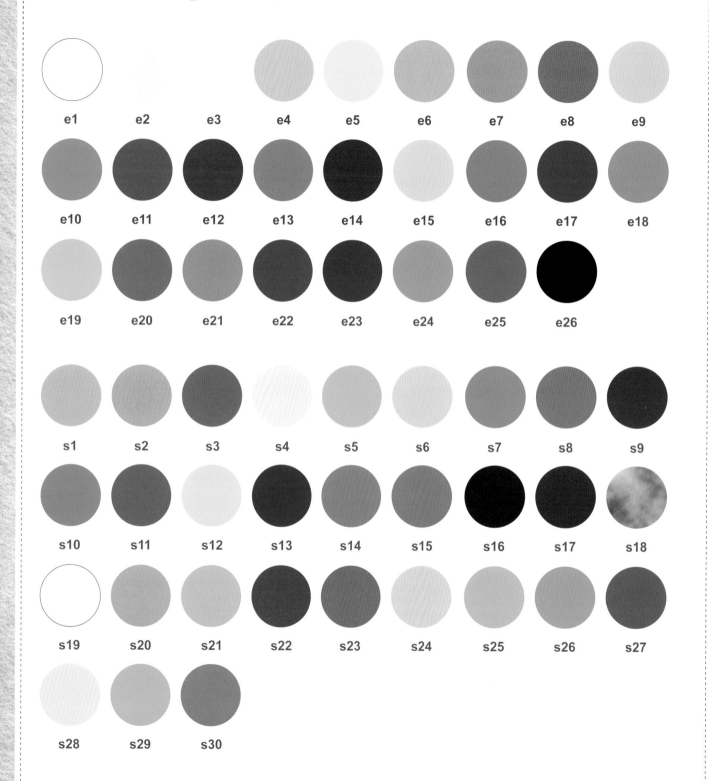

e1 e2 e3 e4 e5 e6 e7 e8 e9

e10 e11 e12 e13 e14 e15 e16 e17 e18

e19 e20 e21 e22 e23 e24 e25 e26

s1 s2 s3 s4 s5 s6 s7 s8 s9

s10 s11 s12 s13 s14 s15 s16 s17 s18

s19 s20 s21 s22 s23 s24 s25 s26 s27

s28 s29 s30

基本颜色

e1 白色	e2 象牙色	e3 荧光黄绿色	e4 杏色	e5 浅黄色
e6 (深)黄色	e7 橘黄色	e8 橘红色	e9 粉色	e10 深粉色
e11 玫粉色	e12 红色	e13 浅紫色	e14 紫色	e15 天蓝色
e16 海蓝色	e17 深蓝色	e18 海天蓝色	e19 浅绿色	e20 绿色
e21 赭色	e22 褐色	e23 深褐色	e24 浅灰色	e25 深灰色	e26 黑色

应用颜色

s1 芥末黄色	s2 浅土黄色	s3 深土黄色	s4 亮卡其色	s5 琥珀黄色
s6 浅粉色	s7 亮玫粉色	s8 鲜红色	s9 深红色	s10 暗蓝色
s11 深紫色	s12 亮天蓝色	s13 深蓝色	s14 橄榄绿色	s15 森林绿色
s16 暗绿色	s17 椰褐色	s18 灰中白色	s19 象牙白色	s20 印度粉色
s21 亮浅粉色	s22 亮红色	s23 亮粉红色	s24 暗黄色	s25 暗天蓝色
s26 明蓝色	s27 海绿色	s28 黄绿色	s29 草绿色	s30 暗浅紫色

PART 2

基本针法及制作技法

通过实例学习基本针法

裁剪图案

1 用固体胶将图纸粘在厚纸板上。

 Tip 图纸比较薄,若单独使用容易损坏,所以请将图纸贴在日历或者饼干包装盒上使用。

2 沿着纸样图案的边缘线裁剪。

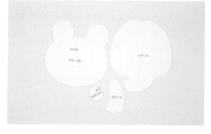

3 准备好所需的所有纸样。

 Tip 裁剪纸和布时要使用不同的剪刀,剪刀在裁剪厚纸时容易变钝,如果再用其裁剪毛毡布会十分困难。所以,可以用较钝的剪刀裁剪纸,用锋利的剪刀裁剪毛毡布。

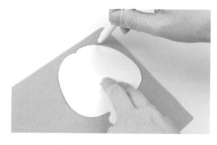

4 将纸样放在毛毡布上,用气消笔沿着图案边缘画出图形。

5 在相应颜色的毛毡布上画出所有图案。

6 沿着所画的线裁剪毛毡布。

7 将所有图案裁剪完成。

打结

视频 2-01 打结

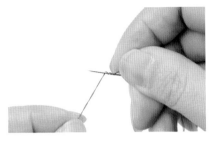

1 用穿好的线在针上缠绕3~4圈。

2 用手捏抓住缠绕的线，将线圈向针眼方向推动。

3 完成打结。与一般面料相比，毛毡布的面料更稀疏，所以打结时，最好将结打得大一点。

贴花装饰

视频 2-04 贴花装饰

1 将圆片放在脸部的适当位置，沿着圆形的边缘，从后往前缝。

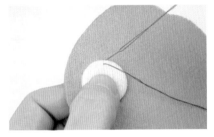

2 从后往前沿着圆片边缘紧紧缝上，然后将针向下穿出。

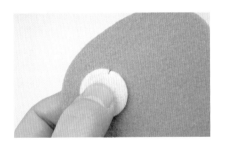

3 拉紧线，完成第1针。

4 在第1针的旁边缝第2针，针从下面向上穿出。用相同的方法反复缝制。

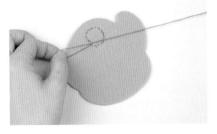

5 将圆片一圈缝完，在背面打1个结。

6 用相同的方法将另一边的圆片缝好。

平针勾缝

视频 2-03 平针勾缝

1 先用气消笔在将要平针勾缝的地方画出线条。

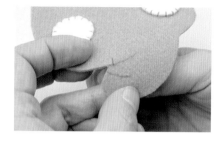

2 用针从下向上穿出。

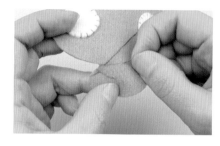

3 沿着所画的线条在第1针的旁边向下穿出。

4 将针移到下一个线条的起点，由下向上穿出。

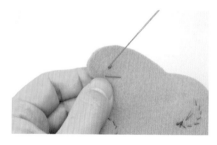

5 沿线条由下向上将针穿出。

6 在后面打1个结。

 Tip 打结时，如果在相同的位置反复平针勾缝，最好也在反复缝制的地方打1个结。

7 剪掉多余的线。

锁边缝

视频 2-02 锁边缝

1 在两片毛毡布的中间将针向下从背面穿出。

2 将针绕到前面从正面穿入，然后从中间穿出。

3 拉紧线，完成第1针。

4 将针由前向后把两张毛毡布一起穿出。

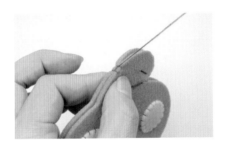

5 拉紧线。

6 使用相同的方法缝制其余部分。

中间换线方法

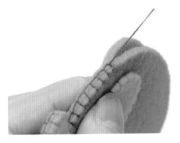

1 最后1针再进行1次锁边缝。

2 将针从两片毛毡布中间向下部稍远一点的地方穿出。

3 用剪刀将线剪断。

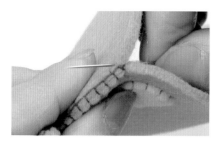

4 在缝针上穿上新线，针从两片毛毡布中间稍向下穿出，穿出位置与最后1针的位置相同。

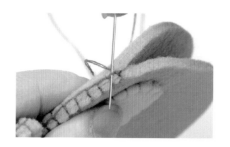

5 如图所示，将针穿过最后1针的锁边。

6 现在与之前锁边的状态完全一样，继续进行锁边缝。

夹缝

视频 2-08 夹缝

锁针的夹缝

1 将耳朵放在两片脸之间，把针从前到后一次穿过三层布。

2 从后向前缝时，只将针穿过耳朵布片。

3 拉紧线，用相同的方法反复缝制。

直线缝的夹缝

1 将针从后向前穿过耳朵和前脸。

2 将针从前向后只穿过耳朵部分。

3 将针从后向前穿过耳朵和两片脸，完成这1针。反复操作步骤2~3。

填充棉花

1 使用剪刀钳将棉花均匀填充。

2 从最后1针的位置开始进行锁边缝。

3 将针从2片布片的中间插入。

4 将针在离边缘稍远的地方穿出，将线剪断，完成缝制。

缝眼睛

普通眼睛的缝制方法

1 用气消笔在将要缝眼睛的位置点上小点。

2 将针从边缝中穿入，从画好的点处穿出。

3 穿上1颗珠子。

4 将针从穿出的位置旁边穿入，再从另一只眼睛的位置穿出。

5 穿上另1颗珠子。

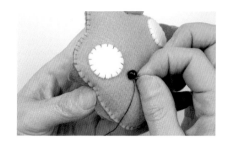

6 将针从穿出的位置旁边穿入，最后从边缝中穿出。

7 打结。

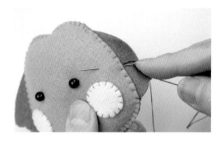

8 再次将针从缝隙中穿入，在稍远处将针穿出。

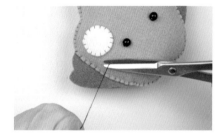

9 将线剪断。

立体感眼睛的缝制方法

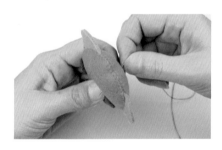

1 玩具填充后，将针从后向前穿出。

 Tip 填充后的玩具有一定厚度，请使用大号的针。

2 穿上1颗珠子。

3 从刚才穿出的位置旁边穿入。

4 从后方同一位置穿出。

5 再从相同的位置从后穿入，然后向前穿出。

6 在前方从另一只眼睛的位置穿出并穿上1颗珠子。

7 在穿出的位置旁边穿回。

8 将线拉紧。

9 在玩具后面缝一下。

10 为使其不开线，再多缝几针。

11 用剪刀将线剪断。

普通眼睛缝制方法会使眼睛突出来，立体感眼睛的缝制方法会形成眼睛向内凹陷的效果。

针法一览表

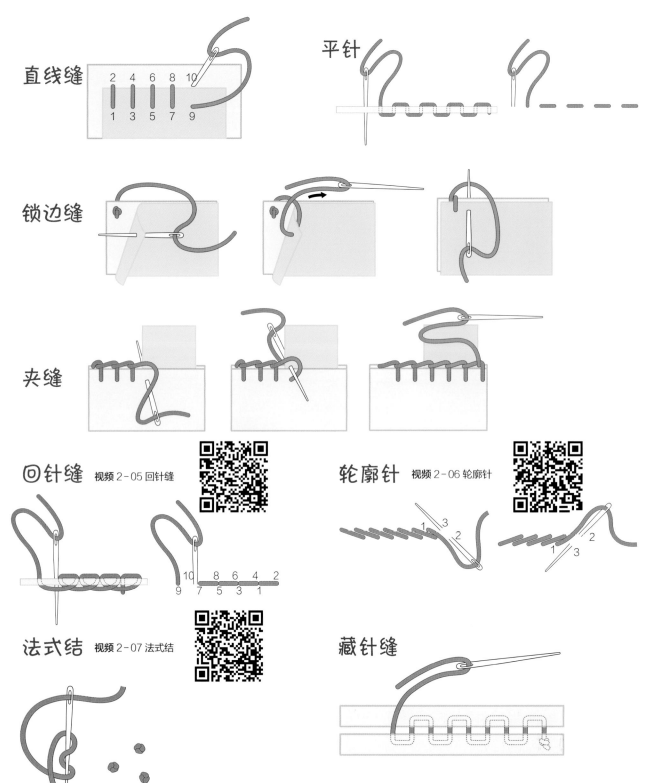

直线缝

平针

锁边缝

夹缝

回针缝　视频 2-05 回针缝

轮廓针　视频 2-06 轮廓针

法式结　视频 2-07 法式结

藏针缝

毛毡制作技法

制作康乃馨

视频 3-08 制作康乃馨

1 在花边的另一边使用平针缝。

2 从头缝到尾。

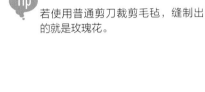

Tip 若使用普通剪刀裁剪毛毡，缝制出的就是玫瑰花。

3 将线抽紧。

4 将针穿入布条尾部。

5 线在针上缠2~3次，然后将针穿出。

6 将线剪断。

7 使布条形成自然的褶皱。

8 将布条从一端末尾处开始卷曲。

9 慢慢用胶枪将花瓣粘合。

10 在粘合的过程中保证花朵底部对齐。

11 康乃馨完成后背面的状态。

12 康乃馨正面完成图。

13 用手整理出花瓣的模样。

14 完成。

康乃馨的用途

康乃馨花篮

康乃馨圆珠笔

制作珠花

视频 3-05 制作珠花

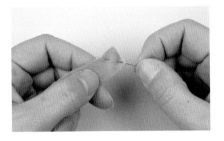

1 从布条的一端开始如图所示平针缝。

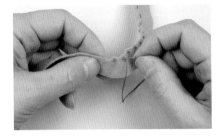

2 布条全部都用平针缝。

3 在布条的尾部，按照与开始相反的方向，如图所示缝制平针。

4 将线拉紧。

5 打结。

6 将布条围成圆形。

7 将针由后向前从中间穿过。

8 穿上珠子，将针由前向后从花朵中间穿过。

9 再次将针由后向前从花朵中间穿过。

10 将针由前向后从花朵中间穿过。

11 剪断线头。

12 完成制作。

制作玫瑰花

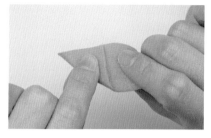

1 将布条的一边向上折成三角形。

2 从尾部开始慢慢卷2圈。

3 向后折起。

4 卷1圈。

5 将布条向上卷1圈。

6 按相反方向，再向下卷1圈。

7 反复上下卷折，形成玫瑰花的模样。

8 紧握住玫瑰花的尾端，用线缠绕2~3次，将其缠紧。

9 打结。

10 完成。

玫瑰花的用途

玫瑰花时钟

玫瑰花花盆

玫瑰花饰品

制作卷心

视频 3-06 制作卷心

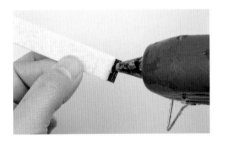

1 在布条尾部涂抹上胶水。

2 将涂有胶水的部分折起、晾干。

3 将布条卷成卷。

4 在卷布条的过程中涂抹胶水。

5 在布条尾部涂抹胶水。

6 粘合尾部后，完成卷心制作。

缝扣子

视频 3-01 缝扣子

1 将针从边缝中穿入，在需要缝扣子的位置穿出。

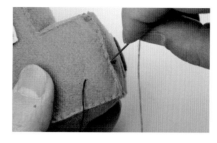

2 如果线尾部打结的部分不容易进入边缝，可以用针帮其穿入。

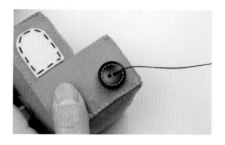

3 穿上扣子。

4 将针从扣子的另一个扣眼穿入，在需要缝下一个扣子的位置穿出。

5 穿上第2个扣子。

6 从第2个扣子的另一个扣眼穿入，由边缝中穿出。

7 打结。

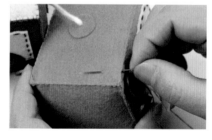

8 在打结的位置将针穿入，从稍远处将针穿出。

9 将线剪断。

扣子的用途

用扣子做车轮虽然不能使其转动，但还是具有一定装饰作用。

使用子母扣，制作内外搭配的水果玩具。

用于制作安装纽扣的玩具，纽扣与花朵同色，可以帮助小孩子认识颜色。

贴水钻

视频 3-04 贴水钻

1 将水钻图案从贴纸上取下。

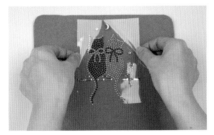

2 将其贴在布面上。

3 在上面铺好毛巾，用熨斗熨烫。

4 取下塑料纸。

5 完成。

Tip 最好在缝制之前将水钻先印于布片上。

缝珠子

在同一位置缝珠子

1 将针从后向前穿出。

2 穿上珠子。

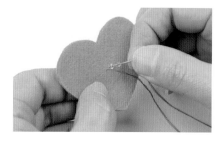

3 在针穿出的旁边位置穿入。

4 再次从后向前将针穿出。

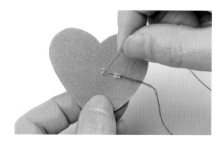

5 穿第2个珠子。

6 重复以上步骤，就可以将珠子固定在自己想要放置的位置。

在多个地方缝珠子

1 用气消笔在即将缝制珠子的位置上画出记号。

2 将针由边缝中穿入，在要缝制珠子的位置穿出。

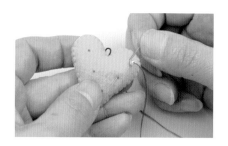

3 穿上珠子，然后在穿出的位置旁边穿入，再从下一个穿珠子的位置穿出。

4 将线拉紧。

5 穿上珠子，并从穿出的位置旁边穿入，再从下一个穿珠子的位置上穿出。

6 重复以上步骤，将所有珠子穿好后，将针从边缝中穿出。

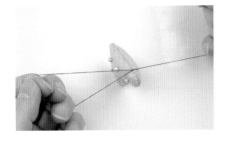

7 打结。

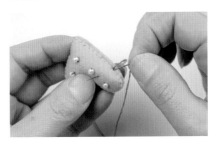

8 将针从打结的位置穿入，并从远处穿出，剪断线头。

9 完成。

珠子的用途

可用于制作熊或兔子等动物玩具的眼睛。

可用于制作甜甜圈或饼干等食物玩具的装饰。

可用于蛋糕玩具上的奶油装饰。

PART 3

跟着视频
轻松做第一件玩具

01

我是世界杯国家选手！
多彩足球

制作多彩足球

视频 4-01 多彩足球 **适用年龄**
6个月以上

准备材料

毛毡布：各色毛毡布（12张五角形，20张六角形）
线：6（黄色）
辅助材料：铃铛、棉花、剪刀钳、剪刀、气消笔、针、硬纸板

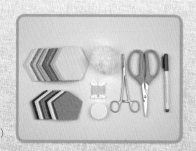

预计花费：10000韩元（约57元）　　预计制作时间：3小时　　预计售价：35000韩元（约199.5元）

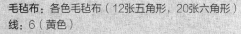

裁剪毛毡布

各色毛毡布：五角形×12，六角形×20

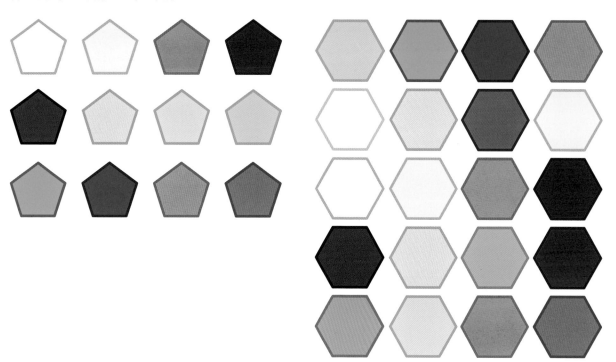

画出图形，裁剪毛毡布

1 按照画好的图案裁剪好纸板。

2 将裁剪好的纸板放在毛毡布上，用气消笔沿纸板边缘画出图形。

Tip

气消笔的使用方法

气消笔的笔迹在一定时间后会自然消失，笔迹的深浅影响其消失时间的长短，所以在使用时要轻轻画写。如果布上留有笔迹，可以在裁剪时将其裁掉。在深色的毛毡布上标记时，白色比紫色更明显。

3 沿笔迹裁剪布片。

Tip

快速裁剪毛毡布的方法

在需要裁剪相同样式的布片时，可以将毛毡布对折，用钉书器将中间固定后裁剪，可以节约一半的时间。但是，当布片厚度在2mm以上时，为防止布片移动，需要一张一张地裁剪。

4 裁剪出各色布片（12张五角形，20张六角形）。

Tip

线的股数

一般情况下使用双股线缝制，但是在缝制球或者骰子等玩具时，最好使用4股线。

用锁边缝法缝出半个球形

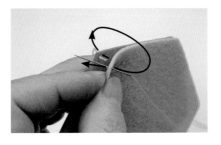

5 将五角形与六角形的一边重叠，并用锁边缝法开始缝制。如图中箭头方向所示。

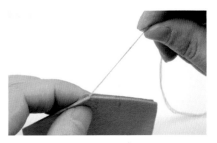

6 将线拉紧。

7 第1针的旁边开始缝第2针，一次性穿过两张布片。保持针与布片垂直，使前后两张布片锁边的宽度一致。

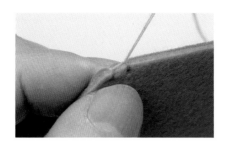

8 将针从粉色布片前方穿出。

9 重复步骤7~8，完成一边锁边。

10 在五角形相临的另一边上缝制另一个颜色的六角形，均用锁边缝完成。

11 继续在五角形的边上缝制其他六角形。

12 将五角形与六角形间隔缝制。

13 如图所示，缝制出半个球体。

Tip

锁边过程中线不够长怎么办？
锁边线不够长时，可以在最后1针处重复缝合并打结。为了隐藏剩下的线，可以将针由边缝处向球体内部穿入，留一部分线，然后剪断。重新穿针引线后，从最后一针处开始，将针穿过边缝处的线，开始锁边。

14 完成半个球的缝制。

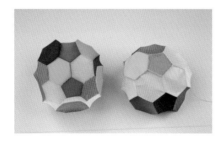

15 重复步骤5~14，完成另外半个球的缝制。

连接两个半球体

16 对准两个半球体。

17 把将要缝合在一起的两个边对齐，开始锁边。

18 留出3个边填充棉花。

19 可以用手将棉花塞到球体内，也可以用专用工具剪刀钳来填充。

20 如果将铃铛放得过深，会听不见声音，所以要把铃铛放在贴近球体外表一侧。

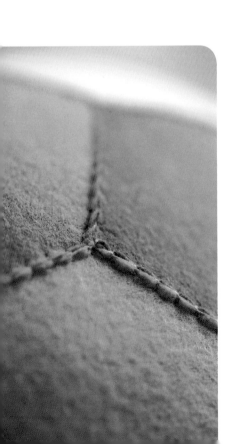

21 最后适当塞些棉花，使足球更结实，完成锁边。

22 在锁边的最后1针处，重复缝1针，然后打结。

23 将针从边缝中穿入，再从稍微远的地方穿出。

24 剪掉多余的线，此处即使不打结，因为线深藏在球体内，所以不会脱线。

25 完成五彩足球的制作。

可以在12片五角形上贴上动物，或者水果、数字等，制作成具有教育功能的儿童识别玩具。

02

内含树脂镜子，可以看见自己模样的

菱花骰子

制作菱花骰子

视频 4-02 菱花骰子

适用年龄	
黑白: 新生儿~3个月/彩色: 3个月~1岁	

准备材料

毛毡布: <黑白菱花骰子>白色、黑色
<彩色菱花骰子>蓝色、黄色、红色、浅绿色

线: 1（白色），26（黑色）

辅助材料: 铃铛、10cm正六面体海绵、针、剪刀、气消笔、白色铅笔、直径8cm的树脂安全镜子

预计花费: 7500韩元（约43元）　预计制作时间: 2小时　预计售价: 20000韩元（约114元）

裁剪毛毡布

<黑白菱花骰子>

黑色: 制作1张骰子主体和其余多种图形

白色: 制作1张骰子主体和其余多种图形

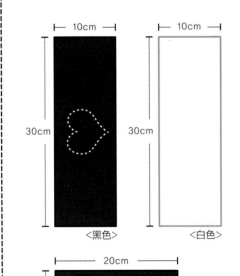

<彩色菱花骰子>

黄色: 制作1张骰子主体

红色: 制作1张骰子主体

蓝色、黄色、红色、浅绿色: 多种图形

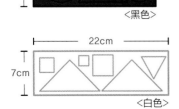

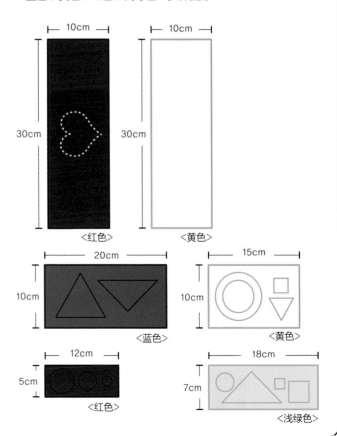

用直线缝的方法装饰布片

1 将白色图形叠放在黑色布片上，采用直线缝的方法。

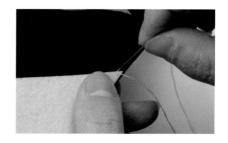

2 将针从后前穿出，沿白色图形边缘将针从前向后穿回。

3 将针从在第1针旁边的位置由后向前穿出。

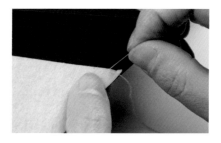

4 再次将针从白色图案边缘从前向后穿回。

5 重复步骤1~4，所有白色图形均使用直线缝的方法。

6 剪出放镜子的心形。

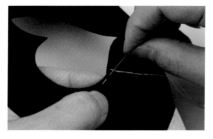

7 用白线沿心形在其边缘2mm处用平针缝制。

8 完成装饰黑色布片。

Tip

在黑色布片上画图案

用紫色的气消笔在黑色布片上画图案会看不清，所以最好使用白色铅笔绘制。然而白色铅笔的笔迹只有水洗才能完全去除，所以最好在裁剪布片时将笔迹剪掉。

粘贴树脂镜子的方法

Tip

树脂镜子粘上黏合剂后，就会失去光泽度。所以不要在镜子表面使用黏合剂，而应将黏合剂涂抹于布片上，然后将镜子贴于布片上。保护膜最好在作品完成后或者完成之前撕下。

9 用指甲撕去树脂镜子上的保护膜。

10 在心形图案的背面边缘处涂抹黏合剂，快速涂抹以防黏合剂变干。

11 将树脂镜子贴于心形图案上，用手按压固定。

12 如图所示，完成白色布片的装饰。

塞入海绵，完成制作

13 在海绵上方抠出放置铃铛的地方。

Tip

制作骰子时并不使用棉花填充，而是用海绵填充。

14 将铃铛放入海绵内。

15 在开始缝制前，用布包裹海绵，查看每一面的位置及大小是否合适。

16 按图片所示T型摆放，沿箭头方向进行锁边。

17 流出骰子顶盖部分。

18 将内含铃铛的海绵放入缝好的布袋中。

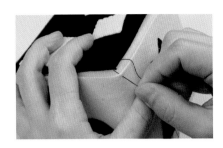

19 将剩余边锁边缝好。

20 在最后1针多缝1次，然后打结。

21 将剩余的线缝进骰子内（参考第51页，步骤23~24），完成黑白菱花骰子的制作。

可以参考制作黑白菱花骰子的方法，用各种颜色的毛毡布制作彩色菱花骰子。

03

一动胳膊就会发出声响的

铃铛手环

制作铃铛手环

视频 4-03 铃铛手环

适用年龄
新生儿~1岁

准备材料

毛毡布：黄色、褐色、海蓝色、橘黄色、红色、浅绿色

线：6（黄色）、16（海蓝色）、26（黑色）

辅助材料：铃铛、针、剪刀、气消笔、棉花、剪刀钳、热熔胶枪、魔术贴、珠子

预计花费：5000韩元（约28.5元）　预计制作时间：1小时　预计售价：15000韩元（约85.5元）

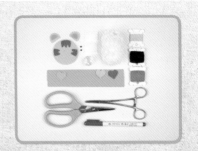

裁剪毛毡布

<老虎>

黄色：脸×2，外耳×2，心形×1

褐色：脸上花纹×3

海蓝色：手腕带子×2

橘黄色：内耳×2

红色：心形×1

浅绿色：心形×1

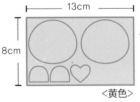

13cm / 8cm / <黄色>

4cm / 4cm / <褐色>

<橘黄色>　<红色>　<浅绿色>

17.5cm / 2.5cm + 2.5cm / <海蓝色>

<牛>

白色：脸×2，耳朵×2

芥末黄：牛角×2，嘴×1

暗蓝色：手腕带子×2

灰色：花纹×1

深粉色、浅绿色、黄色：心形各×1

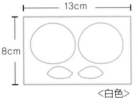

13cm / 8cm / <白色>

6cm / 6cm / <芥末黄>

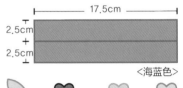

17.5cm / 2.5cm + 2.5cm / <海蓝色>

<灰色>　<深粉色>　<浅绿色>　<黄色>

<兔子>

白色：脸×2，外耳×2

褐色：脸上花纹×3

深粉色：内耳×2

草绿色：手腕带子×2

红色、蓝色、黄色：心形各×1

13cm / 8cm / <白色>

4cm / 3cm / <深粉色>

<红色>　<蓝色>　<黄色>

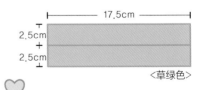

17.5cm / 2.5cm + 2.5cm / <草绿色>

<大象>

黄绿色：脸×2

草绿色：耳朵×2

浅紫色：手腕带子×2

深粉色：红脸蛋×2

红色、白色、黄色：心形各×1

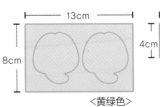

13cm / 8cm / <黄绿色>

6cm / 4cm / <草绿色>

<深粉色>

<红色>　<白色>　<黄色>

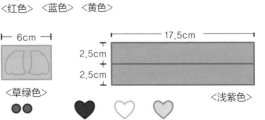

17.5cm / 2.5cm + 2.5cm / <浅紫色>

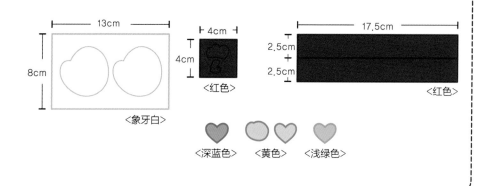

<鸡>

象牙白：身体×2

红色：鸡冠子×2，手腕带子×2

黄色：翅膀×1，心形×1

深蓝色、浅绿色：心形各×1

13cm

8cm

<象牙白>

4cm

4cm

<红色>

17.5cm

2.5cm

2.5cm

<红色>

<深蓝色>　<黄色>　<浅绿色>

制作手腕带子

1 首先将心形和老虎的脸放在1张手腕带子上，然后用直线缝将心形缝好。

2 留出老虎脸的位置，将其余心形缝好。

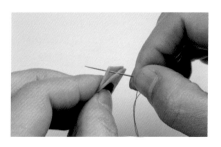

3 将2张手腕带子重叠并进行锁边。

4 完成手腕带子的制作。

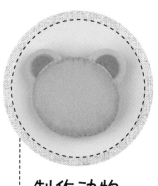

制作动物

5 在内耳上涂抹黏合剂，并粘于外耳上。内耳下方留出走针区域不粘，注意内外耳要对称粘合好。

 Tip

使用热熔胶枪的注意事项

在使用热熔胶枪粘毛毡布之前，要确认要粘的部位是否为需要缝纫的部位。在用过黏合剂的地方不易缝制。

6 将耳朵放在2张脸之间，最好用气消笔标记位置。

7 将两张脸叠在一起，沿边缘开始锁边。

8 在之前标记耳朵的地方放上耳朵，开始夹缝锁边。

9 将针从后向前缝制时，只穿过1层耳朵。

10 在前1针的边上重复步骤8~9。

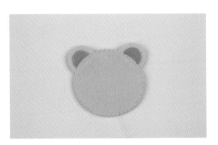

11 另一只耳朵也采用夹缝锁边的方式，留出填充棉花的地方。

12 用剪刀钳填充一半的棉花。

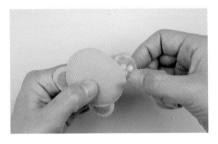

13 放入铃铛。

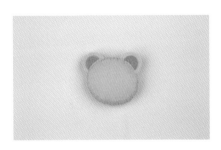

14 填入剩下的棉花，直到填满为止，对预留的部分开始锁边。

制作眼睛、鼻子、嘴

15 将针从缝隙中穿入，从眼睛的位置穿出。将线拉紧，将打好的结塞入玩偶中。

Tip

先用气消笔将眼睛和鼻子的位置画好，便于更好地缝制。

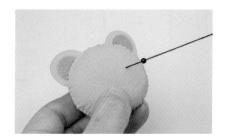

16 穿上珠子。

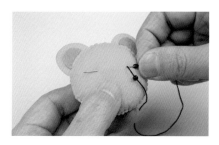

17 将针从穿出的位置穿入，并从另1只眼睛处穿出。

18 穿上珠子。

19 从穿出的地方再次穿入，并从另一侧眼睛的位置穿出。

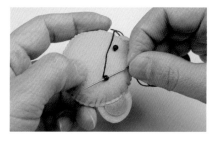

20 将针穿过珠子，重复步骤19，如此重复，可以将眼睛固定好。

Tip

婴幼儿玩的玩具上的珠子如果掉落的话，孩子有可能将其放入嘴中，所以一定要将珠子缝紧。如果还是不放心的话，可以用4股黑色的线制作的法式结出的结代替珠子。

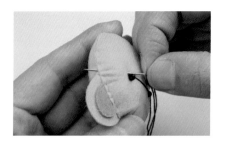

21 将针从边缝中穿出。

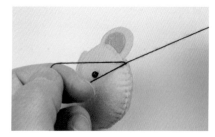

22 打结。

23 将针从边缝穿入，从鼻子的地方穿出。

24 如图所示，将针从左边穿入，然后从上边穿出。

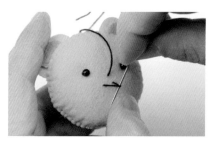

25 将步骤24中穿出的针通过下方的黑线。

26 将线拉紧，完成鼻子的缝制。

27 在鼻尖位置从上向下穿入，然后从下方边缝处穿出。

28 处理边缝中多出来的线。

29 用热熔胶枪将花纹贴在老虎脸上。

30 完成脸上花纹粘贴。

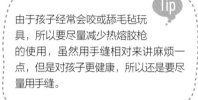

由于孩子经常会咬或舔毛毡玩具，所以要尽量减少热熔胶枪的使用，虽然用手缝相对来讲麻烦一点，但是对孩子更健康，所以还是要尽量用手缝。 **Tip**

31 用热熔胶枪将老虎粘到手腕带子上。

32 在手腕带子的尾部用热熔胶枪将魔术贴粘好。

33 在带子反面的另一端，用热熔胶枪将魔术贴的另一部分粘好。

34 完成铃铛手环的制作。

可以用相同的方法制作各种各样的动物手环。牛、兔子、大象、鸡的模版在纸样中均可找到。

04

最适合给小公主佩戴的

娃娃头花

制作娃娃头花

视频 4-04 娃娃头花

适用年龄
周岁前后，有头发时

准备材料

毛毡布：象牙白软毛毡布

★软毛毡布在填充棉花后比硬毛毡布更具有伸展性，可以减少褶皱。

线：2（象牙白），26（黑色）

辅助材料：针、剪刀、气消笔、棉花、剪刀钳、玫瑰花装饰、用于制作娃娃头发的毛线、腮红、中性笔或签字笔、头绳

预计花费：3000韩元（约17元）　　预计制作时间：20分钟　　预计售价：6000韩元（约34元）

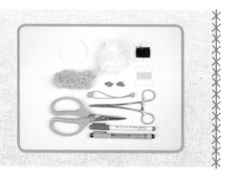

裁剪毛毡布

象牙白：娃娃脸×1

6cm

6cm

<象牙白>

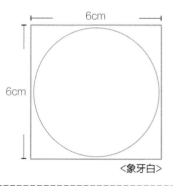

制作娃娃头花

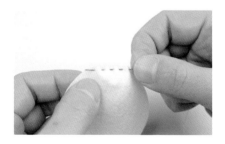

1 将4股线用平针的方法沿布片的边缘缝1圈。

2 缝1圈后的样子。

3 将线拉紧，将布片形成口袋状。

4 打结后不要将线剪断。

5 用剪刀钳将棉花填充进布袋中。

6 在填充棉花时注意调整娃娃脸，使棉花填充均匀。

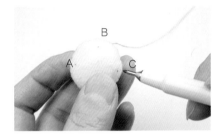

7 如图所示，用气消笔在娃娃脸上标出用于固定头发的3个点（A、B、C）。

8 将毛线缠出娃娃头发的形状，然后放在娃娃头上。将针从B点穿入，从头发后面穿出（成为中缝儿）。

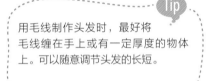

> **Tip**
> 用毛线制作头发时，最好将毛线缠在手上或有一定厚度的物体上。可以随意调节头发的长短。

9 将从头发后面穿出的针，再从后穿入，由C点穿出。

10 将线从头发右上方绕到头发后面，从后面穿入再从A点穿出。

11 将线从头发左上方绕到头发后面，在头发后面缝几针并打结。

12 头发制作完成。

13 可以用热熔胶枪将头发过于蓬松的部分与脸贴合。

制作娃娃的眼睛

14 将针从娃娃头的后面穿入，从娃娃的眼睛位置穿出。也可以先用气消笔在娃娃的眼睛位置做上记号。

15 将线打结，制作眼睛。如果觉得打的结比较小，可以再打1次结。

16 如图所示，将针从第1只眼睛的位置穿入，从另1只眼睛的位置穿出。

> **Tip**
>
> **制作娃娃眼睛的方法**
>
> 有很多种制作娃娃眼睛的方法，可以用线串上珠子制作娃娃的眼睛，也可以用黑色的线打几次结制作娃娃的眼睛，如果想1针缝出鼻子和圆眼睛的话，可以使用"法式结绣"。

17 用相同的方法完成第2只眼睛的制作，将针从后面穿出，完成。

18 用热熔胶枪在头发的两边粘上玫瑰花装饰。

装饰脸颊，完成制作

19 用腮红涂出红脸蛋儿。

20 用中性笔在腮红上点出雀斑。

21 在头绳上的塑料部分涂抹黏合剂。

22 将带有黏合剂的塑料粘在娃娃头的后部，固定一段时间。

23 娃娃头绳制作完成，可以再制作1个形成一对儿。

Tip

给毛毡布上色的方法
给毛毡布上色时，最好使用油性彩铅，或者油性粉笔、油性笔（签字笔、中性笔）等经得起水洗的笔。

用娃娃头饰完成的发卡。可以使用多种多样的辅助材料，制作各种头饰。

05

让宝宝爱上数字的

数字布书

制作数字布书

视频 4-05 数字布书

适用年龄
5岁前

准备材料

毛毡布：〈硬毛毡〉黄色、淡黄、深粉色、粉色、红色、蓝色、淡明蓝、绿色、草绿色、黄绿色、靛蓝、褐色、白色、象牙白 〈可粘贴毛毡布〉黄色、蓝色

线： 彩虹色系的所有颜色

辅助材料： 针、剪刀、气消笔、打孔器、皮绳、扣子

预计花费：27500韩元（约114元）　　预计制作时间：10小时　　预计售价：75000韩元（约399元）

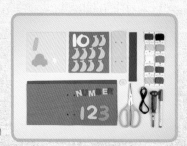

✂ 裁剪毛毡布

〈硬毛毡布〉

黄色： 数字第8页的底布×1、连接页×5、数字2×2、数字9×1、星星×2、香蕉×10

淡黄色： 数字第1页的底布×1、花×1

深粉色： 数字第6页的底布×1、数字3×2、数字7×1、车×1

粉色： 数字第3页的底布×1

红色： 封面×1、数字第10页的底布×1、数字5×1、花×1、草莓×7

蓝色： 封底×1、封口带子×1

淡明蓝： 数字第9页的底布×1、数字1×2、数字6×1、鸟×5

绿色： 数字8的底布×1、草莓蒂×7

草绿色： 数字第4页的底布×1、猕猴桃×6（将3个圆形剪成6个半圆）

黄绿色： 数字第7页的底布×1、花×9

靛蓝： 数字第2页的底布×1

褐色： 数字4×1、心形×8

白色： 汽车尾气×1、花×1、猕猴桃心×6（将3个圆形剪成6个半圆）

象牙白： 数字第5页的底布×1、数字10×1、熊×4

〈可粘贴毛毡布〉

黄色： 字母N、M、E各×1

蓝色： 字母U、B、R各×1

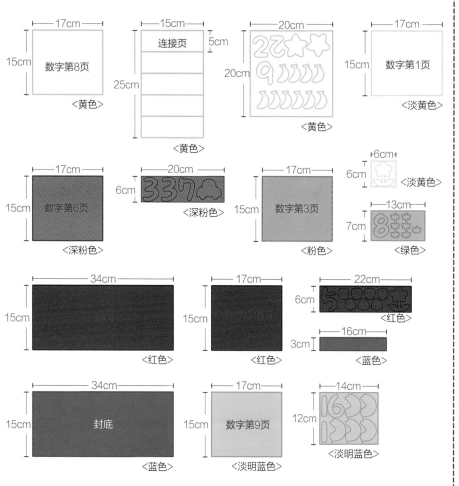

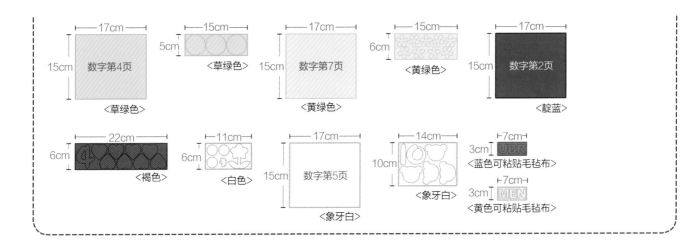

数字第4页
〈草绿色〉

5cm
〈草绿色〉

数字第7页
〈黄绿色〉

6cm
〈黄绿色〉

数字第2页
〈靛蓝〉

6cm
22cm
〈褐色〉

6cm
11cm
〈白色〉

数字第5页
〈象牙白〉

10cm
14cm
〈象牙白〉

3cm
7cm
UBR
〈蓝色可粘贴毛毡布〉

3cm
7cm
MEN
〈黄色可粘贴毛毡布〉

制作封面和连接带

1 用平针沿着数字1、2、3的四周缝一圈，1、2、3要贴于封面上。

Tip

如何使用平针将边缝得更美观？
使用4股以上的线，线的颜色最好与布的颜色形成鲜明的对比，这样才能制作出美观的作品。

2 撕掉字母N、U、M、B、E、R（可粘贴毛毡布）后面的胶纸，将它们粘在正面封皮上，使用热熔胶枪可以更好地将其固定。

3 使用纸样中提供的连接页图形，如图所示，用打孔器在中间打孔。

4 在右侧布片的中间缝上扣子。

5 用热熔胶枪将数字1、2、3贴于正面封皮上。

6 完成封面的制作。

7 将封面对折，沿着边缘锁边。

8 将书的封口带子对折，沿着边缘锁边。

9 锁边后的效果。

10 将带子的一端折叠，用剪刀剪出纽扣眼儿。

11 用扣子试一下扣眼的大小，如果小的话，再剪大一点。

制作布书的第1页

12 用平针将数字1缝在第1页的底布上。

13 用气消笔在汽车上画出车窗。

14 用平针缝出车窗。

15 用气消笔画出车轮。

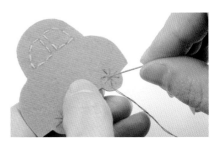

16 用平针勾缝出车轮。

17 车轮中间的点，可以用打结来表示。

18 将针从后面穿出，完成制作。

19 用相同的方法缝制出汽车的两个轮子。

20 用直线缝的方法沿汽车边缘将其缝到第1页的底布上，用热熔胶枪胶汽车尾气粘在底布上。

Tip

缩短缝制时间的方法

省略用手缝的部分可以节省许多时间。例如，可以用热熔胶枪代替手缝将数字粘在底布上，不用线勾出轮子而直接用签字笔画出轮子，即使作品的效果会打折扣，却可以节省大部分时间。

制作封底

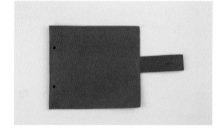

21 将封底对折，沿着边缘锁边，同时将封口带子缝进去。

22 将封底与封面重叠，用打孔器在相同的位置打孔，完成封底的制作。

制作第1页

23 将纸样中的连接页图形放于连接页布片上，用打孔器打孔。

24 完成连接页的制作。

25 如图所示，将连接页与第1页重叠大约5mm，用大头针固定。

26 用直线缝将两页缝在一起。

制作第2页，并与第1页连接

27 用平针缝将数字2放在底布上，用直线缝将星星也缝在底布上。

28 将连接页重叠放在第2页上，重叠5mm左右，用大头针固定后，用直线缝将两页缝在一起。

29 将连接好的1、2页对折，沿边缘锁边。

30 第2页完成。

制作第3-10页

31 参考步骤25~29，完成3~10页的制作。上图为第3页。

32 第4页完成，熊的轮廓用平针，熊的眼睛可以使用法式结。

33 第5页完成情况。数字用平针、鸟的轮廓用直线缝、眼睛使用法式结。

第4页熊的走线图

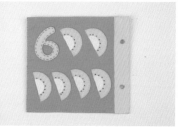

第6页猕猴桃走线图

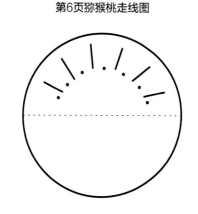

34 第6页完成情况。猕猴桃是将圆形剪成半圆，用直线缝缝好边缘，猕猴桃籽使用法式结，直线使用平针缝。

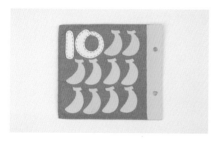

35 第7页完成图。数字用平针缝、草莓用直线缝，草莓种子使用法式结。

36 第8页完成图。数字用平针缝，心形用直线缝。

37 第9页完成图。数字用平针缝，花朵用直线缝。

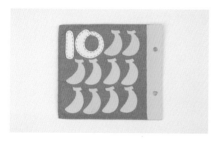

38 第10页完成图。数字用平针缝，香蕉用直线缝。

装订成册

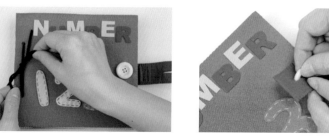

39 将封面、1~10页、封底按顺序叠放，用皮绳将其穿好。

40 将书的封口带子和扣子扣好。

41 数字布书制作完成。

可以用毛毡布尝试制作各种主题的幼儿布书，比如：认识各种形状的"图案书"（第220页），可以同时学习颜色和英语单词的"多彩颜色书"（第228页）。也可以用绒布作为底布，在数字和各种形状后面贴上魔术贴，制作粘贴书。

PART 4

漂亮实用的儿童玩具

06

吸引孩子目光和好奇心的

兔子不倒翁

制作兔子不倒翁

视频 4-06 兔子不倒翁

✂ 裁剪毛毡布

象牙白： 兔子脸×1、兔子头×2、外耳×4、脚×4、侧面不倒翁兔身×3

印度粉： 内耳×2、侧面不倒翁兔身×3

橘黄色： 胡萝卜×3

橄榄绿： 胡萝卜缨子×3

酒红色： 红脸蛋×2

准备材料

毛毡布： 象牙白、印度粉、橘黄色、橄榄绿、酒红色

线： 2（象牙白）、7（橘黄色）、9(粉色)、12（红色）、20（绿色）、26（黑色）

辅助材料： 针、大号针（9cm长5号针）、剪刀、气消笔、热熔胶枪、珠子、棉花、不倒翁球、蝴蝶结

预计花费：16000韩元（约91元）　预计制作时间：3小时　预计售价：45000韩元（约256.5元）

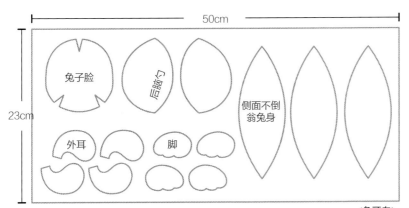

兔子脸　后脑勺　侧面不倒翁兔身

外耳　脚

50cm

23cm

〈象牙白〉

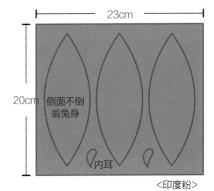

23cm

20cm

侧面不倒翁兔身

内耳

〈印度粉〉

10cm

5cm

〈橘黄色〉

10cm

〈橄榄绿〉

6cm

3cm

〈酒红色〉

制作兔子头和兔子脚

叠缝是指在布的边缘用剪子剪一下，然后将两个边缘重叠再缝制。叠缝可以增加作品的立体感，可以使用回针缝或锁边缝。

1 用4股象牙白色线在兔子脸部毛毡布的叠缝部分的背面用回针缝。

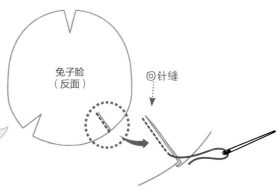

兔子脸（反面）

回针缝

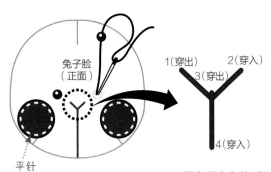

兔子脸
（正面）

1（穿出）　　　2（穿入）

3（穿出）

平针

4（穿入）

平针勾缝是指用平针勾出想要的线条，可以用这种方法缝出动物的鼻子、嘴、线条纹、水果的种子等。需要勾线的地方可以使用轮廓勾针法或回针缝。

2 用象牙白色的4股线将圆圈用平针对称缝在兔脸上，再用4股黑色线将珠子缝上做眼睛，然后用4股红色线将鼻子和嘴用平针勾缝出来。

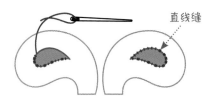

直线缝

3 将内耳与外耳重叠，用粉色的双股线将其缝好，完成耳朵的制作。

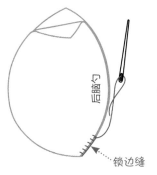

后脑勺

锁边缝

4 将2张后脑勺布片重叠，把靠近"后脑勺"字样的一边锁边缝。

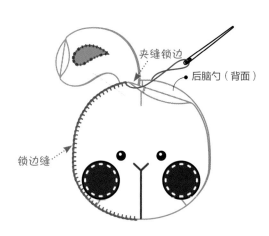

夹缝锁边

后脑勺（背面）

锁边缝

5 将后脑勺的布片与兔子脸的布片重叠，沿着边缘锁边，锁边时将两只耳朵也缝上。

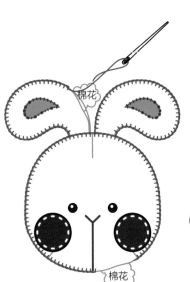

棉花

棉花

6 在锁边时留1个小口，将棉花塞进去并完成锁边。两只耳朵用相同的方法填充。

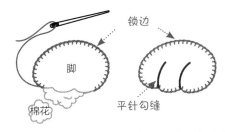

锁边

脚

棉花

平针勾缝

7 制作兔子的脚：用象牙白色的双股线对兔子的脚进行锁边，边缝边将棉花填充进去。再用红色的4股线平针勾缝出兔子的脚趾。

缝合整个兔子

将顶点仔细缝好

锁边缝

不倒翁侧面

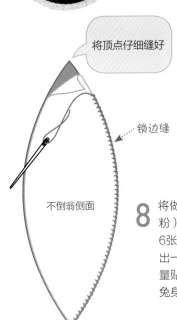

8 将做身体的2片布片（象牙白、印度粉）重叠，将其一边锁边缝。最终将6张布片连接起来（颜色交叉），留出一边用来装棉花。将兔身的底布尽量贴近地面，然后把棉花均匀填充在兔身里，最后将留出的一边缝合。

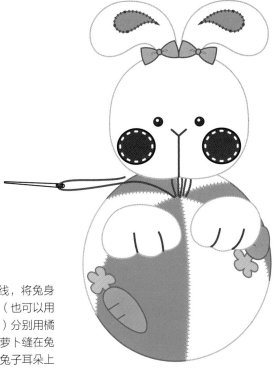

9 用大号针穿4股象牙白色线，将兔身和兔头、兔脚缝在一起。（也可以用热熔胶枪将其粘在一起。）分别用橘黄色和绿色的双股线将胡萝卜缝在兔身上。用胶将蝴蝶结贴在兔子耳朵上就完成了。

孩子容易抓握的

兔子胡萝卜摇铃

制作兔子胡萝卜摇铃

裁剪毛毡布

白色： 耳朵×4、兔子脸×2
橘黄色： 胡萝卜×2、装饰在兔子脸上的胡萝卜×2
草绿色： 胡萝卜缨子×2
绿色： 装饰在兔子脸上的胡萝卜缨子×2
黑色： 眼睛×2

准备材料

毛毡布： 白色、黑色、橘黄色、草绿色、绿色
线： 1（白色）、7（橘黄色）、12（红色）、20（绿色）、26（黑色）
辅助材料： 针、剪刀、气消笔、铃铛、棉花、皮套

预计花费：8000韩元（约45.5元） 预计制作时间：2小时 预计售价：20000韩元（约114元）

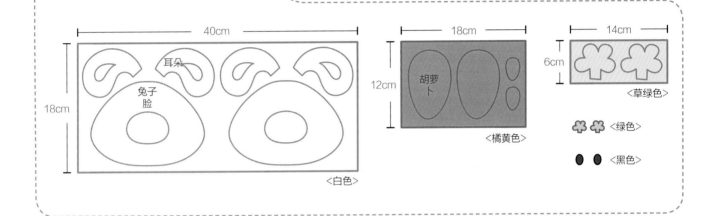

＜白色＞

＜橘黄色＞

＜草绿色＞

＜绿色＞

＜黑色＞

制作兔子脸

锁边缝

1 将2片兔子耳朵重叠在一起，用白色双股线在耳朵内轮廓锁边。另一只耳朵也用相同的方法锁边。

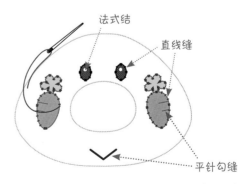

法式结

直线缝

平针勾缝

2 先用黑色4股线，对兔子的眼睛进行直线缝，用白色4股线缝法式结做眼珠。缝制兔子脸上的胡萝卜时，分别用橘黄色、绿色双股线，用直线缝将胡萝卜放在兔子脸上。胡萝卜上的花纹和兔子嘴用红色4股线，采用平针勾缝。

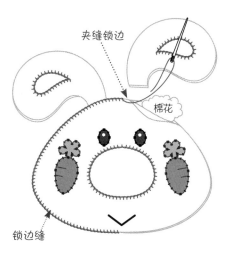

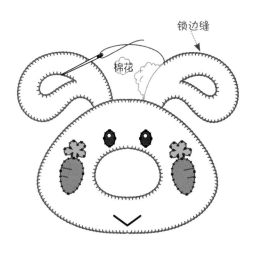

3 将2张兔子脸重叠在一起，用白色双股线先对内轮廓锁边，再对外轮廓进行锁边，同时将耳朵进行夹缝锁边并填充棉花。

4 用白色双股线对耳朵的外轮廓进行锁边，锁边的同时填充棉花。

制作胡萝卜

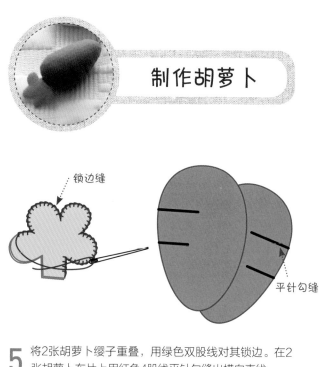

5 将2张胡萝卜缨子重叠，用绿色双股线对其锁边。在2张胡萝卜布片上用红色4股线平针勾缝出横向直线。

6 将2张胡萝卜布片重合，用橘黄色双股线沿边缘锁边，并将胡萝卜缨子夹缝进去。一边锁边一边向内填充棉花、放置铃铛，最后将皮套夹缝进去，完成制作。

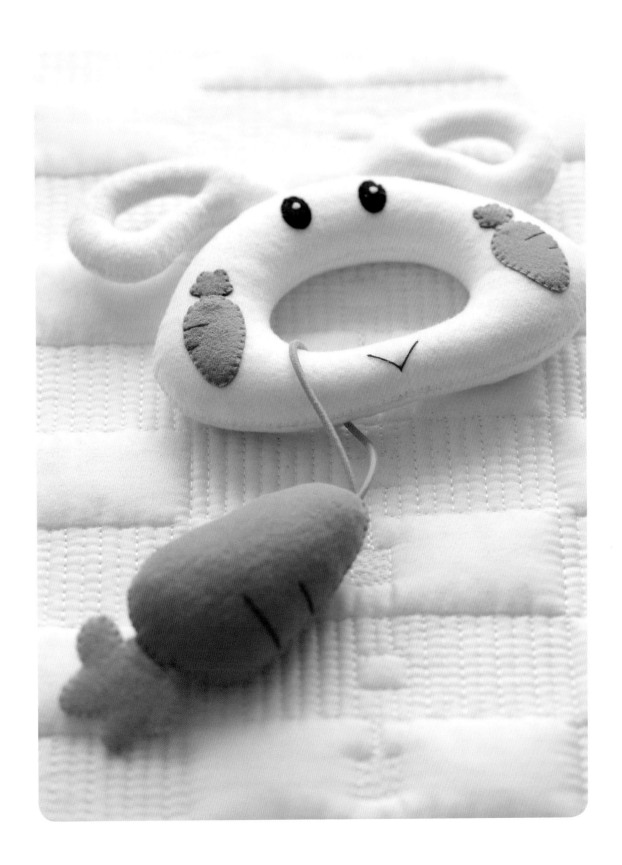

08

可以增强婴幼儿触觉的

手抓动物摇铃

1. 制作手抓奶牛摇铃

视频 3-03 组装身体

裁剪毛毡布

象牙白：身体×2、脸×2、耳朵×4
赭色：嘴×2、角×4
黑色：圆圈×3、奶牛花纹×1、眼睛×2
深粉色：心形×3、酒窝×2

准备材料

毛毡布：象牙白、赭色、黑色、深粉色
线：1（白色）、2（象牙白）、10（深粉色）、21（赭色）、26（黑色）
辅助材料：针、大号针（5号，9cm）、剪刀、气消笔、铃铛、蝴蝶结、半颗珍珠、黏合剂、热熔胶枪

预计花费：8000韩元（约45.5元）　预计制作时间：2小时　预计售价：20000韩元（约114元）

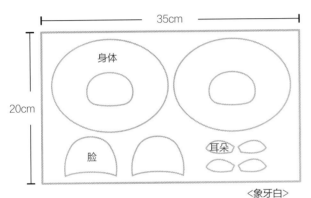

<象牙白>

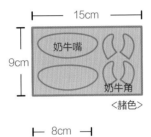

<赭色>

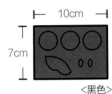

<黑色>

<深粉色>

制作奶牛头

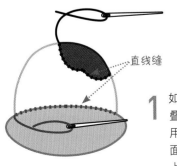

直线缝

1 如图所示，将奶牛脸和奶牛嘴重叠，用赭色双股线直线缝缝制。用相同的方法制作奶牛脸的另一面。将奶牛花纹叠放在奶牛脸上，用黑色双股线直线缝缝制。

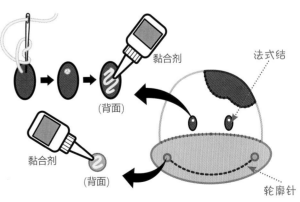

黏合剂

（背面）

黏合剂

（背面）

法式结

轮廓针

2 在眼睛上用白色4股线法式结缝制眼珠，用深粉色4股线轮廓针缝制奶牛嘴，用黏合剂将酒窝粘上。

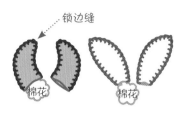

锁边缝

棉花　棉花

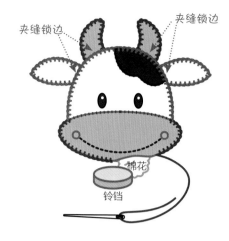

夹缝锁边　　　　夹缝锁边

棉花

铃铛

3　分别将奶牛角和奶牛耳朵重叠，奶牛角用赭色双股线，奶牛耳朵用象牙色4股线，边锁边边填充棉花，因为之后会将奶牛角和耳朵夹缝在奶牛头上，所以在下方可以留出部分不缝。

制作奶牛身体并连接奶牛头

4　将奶牛脸前后两张重叠，锁边的同时，将牛角和牛耳夹缝在相应位置，并填充棉花，放入铃铛（牛嘴边缘用赭色双股线，奶牛脸边缘用象牙色双股线）。

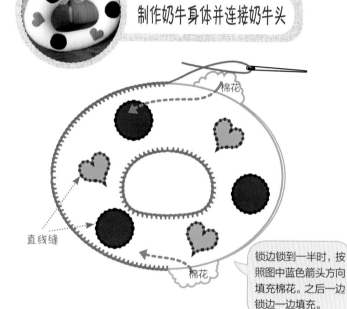

棉花

直线缝

棉花

锁边锁到一半时，按照图中蓝色箭头方向填充棉花。之后一边锁边一边填充。

5　用黑色线直线缝将黑色圆圈缝在奶牛身体上，用深粉色双股线将心形也缝在上面。将两张奶牛身体重合，先对其内轮廓锁边，冉对其外轮廓锁边，在对外轮廓锁边的同时填充棉花。

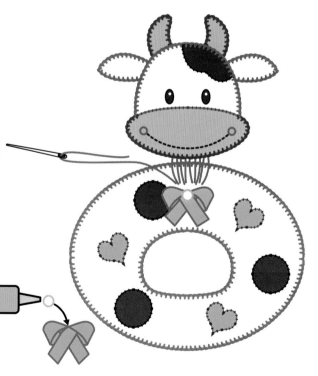

6　将奶牛头放在身子上，用大号针引8股象牙色线，将以上两部分如图所示缝制在一起。将半颗珍珠用热熔胶枪粘在蝴蝶结上，并将蝴蝶结固定在奶牛身上（用线缝或使用热熔胶枪均可）。

2.制作可爱猪手抓摇铃

裁剪毛毡布

淡黄色：身体×2、脸×2、尾巴×2

橘黄色：鼻子×4，耳朵×2

粉色：心×3

黑色：眼睛×2

准备材料

毛毡布：淡黄色、橘黄色、粉色、黑色

线：1（白色）、6（黄色）、7（橘黄色）、11（玫粉色）

辅助材料：针、大号针（5号，9cm）、剪刀、气消笔、铃铛、黏合剂，棉花

预计花费：8000韩元（约45.5元）　预计制作时间：2小时　预计售价：15000韩元（约85.5元）

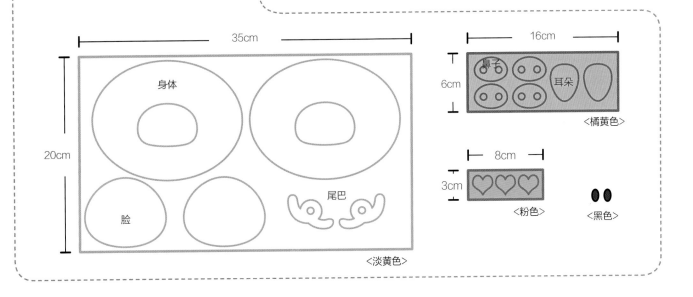

35cm

20cm

身体

脸

尾巴

〈淡黄色〉

16cm

6cm

鼻子　耳朵

〈橘黄色〉

8cm

3cm

〈粉色〉　〈黑色〉

制作猪脸

虽然可以用平针缝（虚线），但是对于曲线较长的情况，可以使用轮廓针。

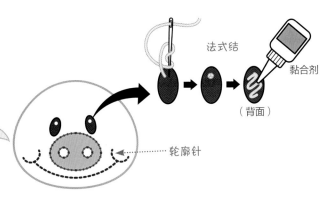

法式结

黏合剂

（背面）

轮廓针

1 将鼻子用橘黄色双股线直线缝缝在脸上。

直线缝

2 用白色4股线法式结在眼睛上缝出眼珠，将眼睛用黏合剂贴在脸上。使用轮廓针，用针引4股红色线缝出嘴巴和酒窝。

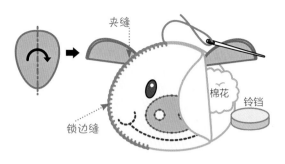

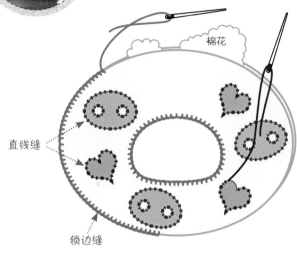

制作猪身，并将两部分缝在一起

夹缝

棉花

铃铛

锁边缝

3 将猪脸前后片重叠在一起，用黄色双股线沿边缘锁边，同时将耳朵对折，夹缝在猪脸上。

直线缝

棉花

锁边缝

4 使用直线缝，将3颗心用玫粉色线缝在猪身上，用橘黄色双股线将3个猪鼻子也缝在猪身上。将两张猪身重叠，先对内轮廓进行锁边，然后对外轮廓进行锁边的同时填充棉花。

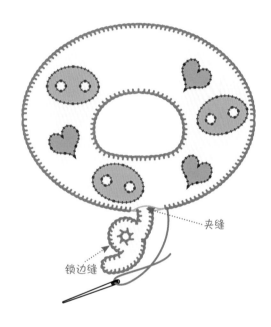

夹缝

锁边缝

5 将两条猪尾巴重叠进行锁边，同时填充棉花，在猪身锁边完成前将尾巴夹缝进去。

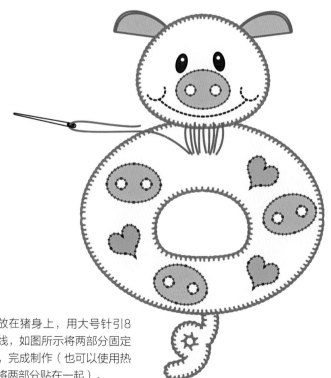

6 将猪头放在猪身上，用大号针引8股黄色线，如图所示将两部分固定在一起，完成制作（也可以使用热熔胶枪将两部分贴在一起）。

3. 制作长颈鹿手抓摇铃

裁剪毛毡布

黄色： 身体×2、脸×2、耳朵×4
象牙白： 嘴×2，角×4
褐色： 圆四角形×4
海蓝色： 心×3、酒窝×2
黑色： 眼睛×2

准备材料

毛毡布： 象牙白、褐色、黄色、黑色、海蓝色
线： 1（白色）、2（象牙白）、6（黄色）、10（深粉色）、16（海蓝色）、22（褐色）、26（黑色）

辅助材料： 针、大号针（5号，9cm）、剪刀、气消笔、铃铛、热熔胶枪、蝴蝶结、半颗珍珠、黏合剂

预计花费：8000韩元（约45.5元） 预计制作时间：2小时 预计售价：20000韩元（约114元）

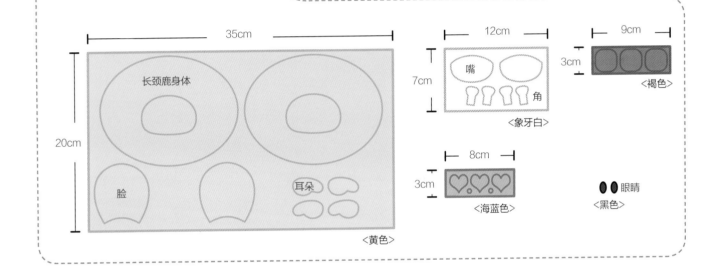

长颈鹿身体
35cm
20cm
脸
耳朵
〈黄色〉

12cm
7cm
嘴
角
〈象牙白〉

9cm
3cm
〈褐色〉

8cm
3cm
〈海蓝色〉

眼睛
〈黑色〉

制作长颈鹿的脸

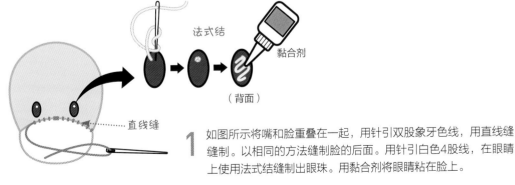

法式结
黏合剂
（背面）
直线缝

1 如图所示将嘴和脸重叠在一起，用针引双股象牙色线，用直线缝缝制。以相同的方法缝制脸的后面。用针引白色4股线，在眼睛上使用法式结缝制出眼珠。用黏合剂将眼睛粘在脸上。

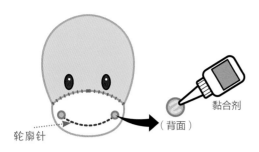

轮廓针

黏合剂

（背面）

2 用针引4股深粉色线，用轮廓针缝出嘴的弧线。用黏合剂将酒窝粘在嘴旁边。

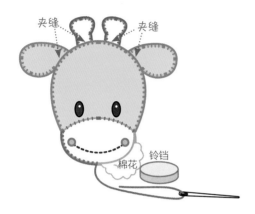

夹缝　夹缝

棉花　铃铛

4 将长颈鹿前后两张脸重叠，一边锁边一边将耳朵和鹿角夹缝进去，同时填充棉花，放置铃铛（对嘴进行锁边时用象牙色双股线，对脸进行锁边时用黄色双股线）。

6 将鹿头放在鹿身上，用大号针引8股黄色线，如图所示将两部分固定在一起。叠好蝴蝶结，用热熔胶枪将半颗珍珠贴在蝴蝶结上，并固定于鹿身上（缝上或使用热熔胶枪均可），完成制作。

棉花　棉花

3 分别用针引双股象牙色和黄色线，分别将角和耳朵的两张布片重叠在一起，一边锁边一边填充棉花。因为角和耳朵将来要缝在头上，所以可以留出一部分不缝。

制作长颈鹿身子，并将身体和头连接在一起

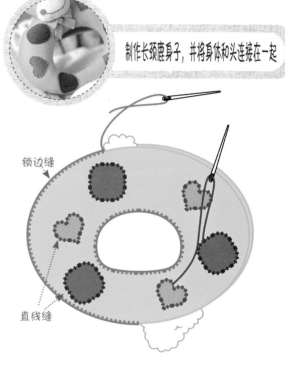

锁边缝

直线缝

5 在一张鹿身的布片上用褐色线进行直线缝缝上圆四角形，用海蓝色双股线进行直线缝缝上心形。将两张鹿身重叠，先对内轮廓进行锁边，再沿外轮廓锁边，并填充棉花。

09

可以保持发型的
兔子睡枕

制作兔子睡枕

裁剪毛毡布

心形印花毛巾布： 脸×2、外耳×2
印度粉： 内耳×2、鼻子×1
橘黄色： 胡萝卜×2
绿色： 胡萝卜缨子×2
白色： 眼珠×2
黑色： 眼睛×2

准备材料

毛毡布： 印度粉、橘黄色、绿色、白色、黑色
线： 1（白色）、7（橘黄色）、9（粉色）、12（红色）、20（绿色）、26（黑色）
辅助材料： 针、心形印花毛巾布、棉花、气消笔、剪刀

预计花费：14000韩元（约80元）　预计制作时间：3小时　预计售价：35000韩元（约199.5元）

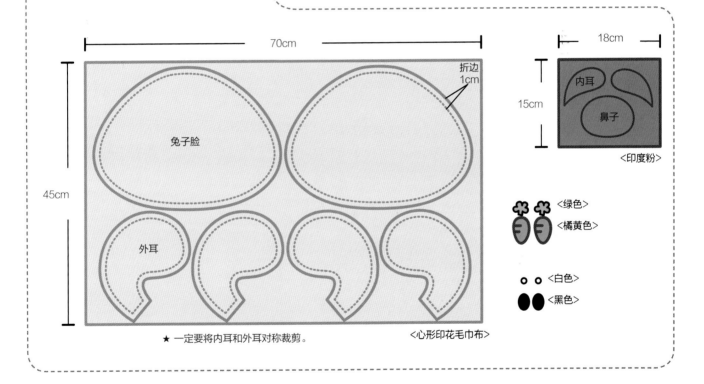

70cm
折边 1cm
兔子脸
外耳
45cm
★ 一定要将内耳和外耳对称裁剪。
〈心形印花毛巾布〉

18cm
15cm
内耳
鼻子
〈印度粉〉

〈绿色〉
〈橘黄色〉
〈白色〉
〈黑色〉

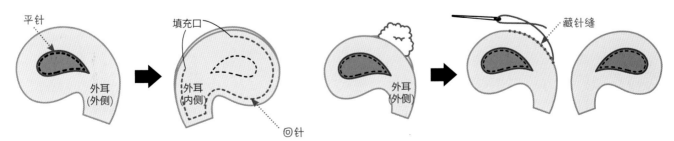

平针
填充口
外耳（外侧）
外耳（内侧）
回针

藏针缝
外耳（外侧）

1 将内耳放在外耳上，用黑色4股线平针缝制。将两张外耳的外侧相对重叠，用针引4股粉色线，根据图案中虚线所示，用回针缝缝制。

2 通过填充口将耳朵由内而外翻出来，填充棉花并用藏针缝将填充口缝好。以相同的方法完成另一只耳朵的缝制。

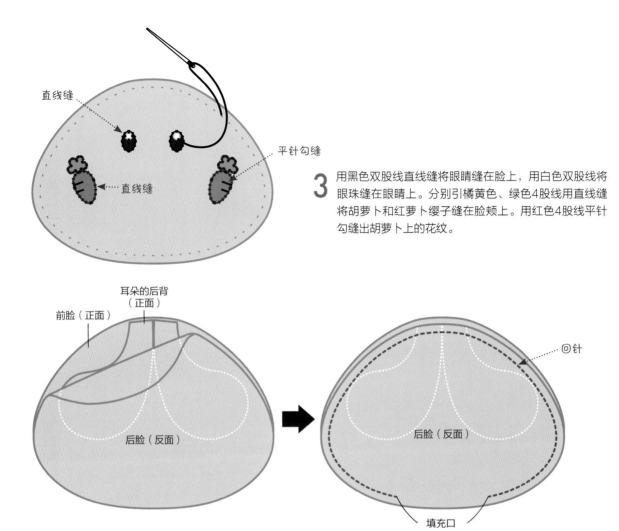

3 用黑色双股线直线缝将眼睛缝在脸上，用白色双股线将眼珠缝在眼睛上。分别引橘黄色、绿色4股线用直线缝将胡萝卜和红萝卜缨子缝在脸颊上。用红色4股线平针勾缝出胡萝卜上的花纹。

直线缝

直线缝

平针勾缝

耳朵的后背（正面）

前脸（正面）

后脸（反面）

回针

后脸（反面）

填充口

4 如图所示，将前脸放在最下层，正面朝上，将耳朵叠放在前脸上，再将兔子的后脑勺反面朝上叠放在耳朵上。用针引粉色4股线按图中虚线所示采用回针缝缝制。然后通过填充口将兔子头翻出，确认其模样是否正确后，再开始回针缝制。

平针

藏针缝

5 通过填充口将兔子翻出，将鼻子放在兔脸上，用粉色4股线将鼻子、兔子的正脸、兔子的后脑勺用回针缝缝在一起。通过填充口填充棉花，并用藏针缝将其缝好。用针引红色4股线平针勾缝出嘴的模样，完成制作。

可以保持发型的

小龙睡枕

10

制作小龙睡枕

裁剪毛毡布

<男孩用>

淡蓝色心形印花毛巾布：脸A×1、后脑勺×1

白色心形印花毛巾布：脸B×1

天蓝色：鼻子×1、耳朵×4

白色：角×4、眼珠×2

黑色：眼睛×2

准备材料

<男孩用>
毛毡布：白色、天蓝色、黑色
心形印花毛巾布：白色、淡蓝色
线：1（白色）、12（红色）、15（天蓝色）、17（蓝色）、26（黑色）

<通用>
辅助材料：针、剪刀、气消笔、棉花
预计花费：14000韩元（约80元） 预计制作时间：3小时 预计售价：35000韩元（约199.5元）

<女孩用>
毛毡布：白色、粉色、黑色
心形印花毛巾布：白色、淡粉色
线：1（白色）、9（粉色）、12（红色）、14（紫色）、26（黑色）

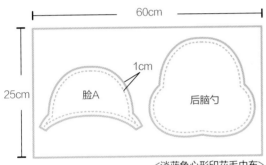

<淡蓝色心形印花毛巾布>

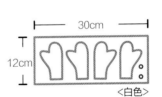

<白色心形印花毛巾布>

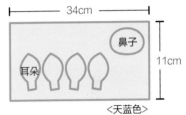

<天蓝色>

<白色> ●● <黑色>

<女孩用>

淡粉色心形印花毛巾布：脸A×1、后脑勺×1

白色心形印花毛巾布：脸B×1

粉色：鼻子×1、耳朵×4

白色：角×4、眼珠×2

黑色：眼睛×2

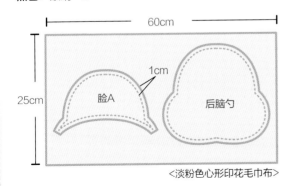

<淡粉色心形印花毛巾布>

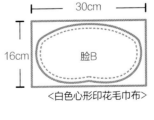

<白色心形印花毛巾布>

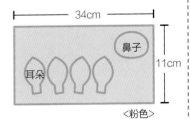

<粉色>

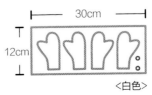

<白色> ●● <黑色>

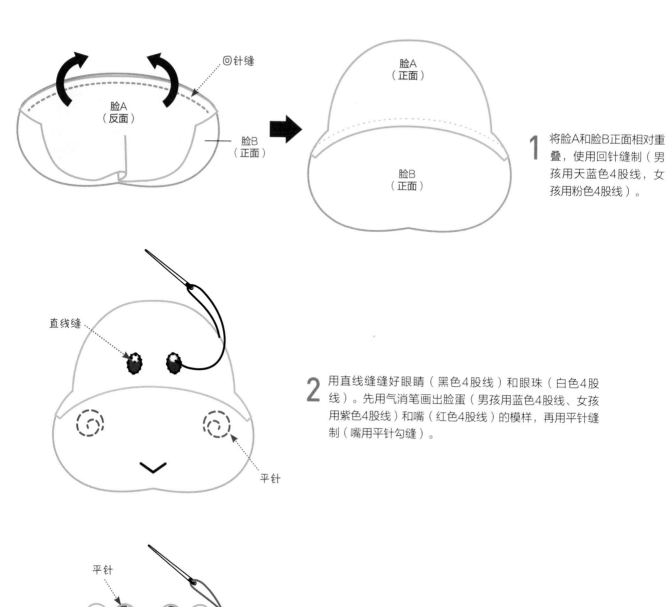

1 将脸A和脸B正面相对重叠，使用回针缝制（男孩用天蓝色4股线，女孩用粉色4股线）。

2 用直线缝缝好眼睛（黑色4股线）和眼珠（白色4股线）。先用气消笔画出脸蛋（男孩用蓝色4股线、女孩用紫色4股线）和嘴（红色4股线）的模样，再用平针缝制（嘴用平针勾缝）。

3 只在龙角的前面用平针缝一圈（男孩用蓝色4股线，女孩用紫色4股线）。

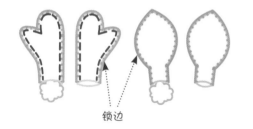

4 分别将两张龙角和耳朵的布重叠在一起，沿边缘锁边，同时填充一些棉花。

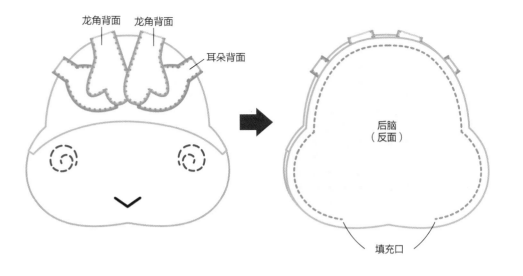

龙角背面　龙角背面

耳朵背面

后脑
（反面）

填充口

5 将脸正面朝上放于底层，将龙角和耳朵背面朝上叠放于前脸之上，再将后脑反面朝上叠放于最上方，沿边缘进行回针缝制（男孩用天蓝色4股线，女孩用粉色4股线）。可以通过填充口将龙头翻出，确认其模样是否正确后，再开始用回针缝制。

平针　　　　藏针缝

6 通过填充口将龙头翻出，将鼻子放在脸上，用平针沿边缘缝制（男孩用蓝色4股线，女孩用紫色4股线）。填充好棉花后用回针缝封口（男孩用天蓝色4股线，女孩用粉色4股线）。

11

挂在婴儿车上的

婴儿车装饰娃娃

制作婴儿车装饰娃娃

裁剪毛毡布

<兔子>
浅黄色：脸×2、外耳×4
深粉色：内耳×2
紫色：带子×2、心×2
黑色：眼睛×2
白色：带子装饰×1

<大象>
天蓝色：脸×2
海蓝色：耳朵×2
白色：眼睛×2
黑色：眼珠×2
深粉色：带子×2，心×2
黄色：带子装饰×1

准备材料

<兔子>
毛毡布：浅黄色、深粉色、紫色、黑色、白色
线：5（浅黄色）、10（深粉色）、12（红色）、13（浅紫色）

<大象>
毛毡布：天蓝色、海蓝色、白色、黑色、深粉色、黄色
线：10（深粉色）、12（红色）、15（天蓝色）

<老虎>
毛毡布：荧光黄绿色、绿色、黑色、褐色、象牙色、橘黄色
线：3（荧光黄绿色）、5（浅黄色）、20（绿色）、22（褐色）

<奶牛>
毛毡布：白色、红色、深蓝色、黑色、深褐色
线：1（白色）、12（红色）、26（黑色）

<通用>
辅助材料：针、剪刀、气消笔、橡皮筋、魔术贴、棉花、黏合剂、热熔胶枪
预计花费：14500韩元（约82.5元）　预计制作时间：6小时　预计售价：40000韩元（约228元）

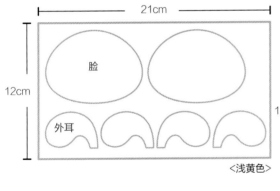

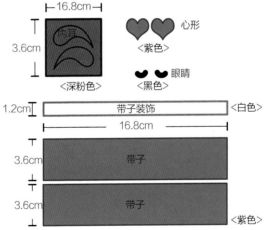

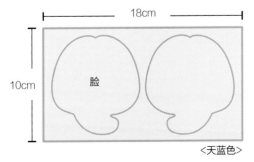

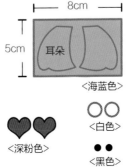

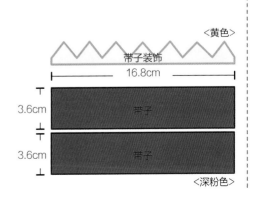

<老虎>

荧光黄绿色： 脸×2、外耳×4

黑色： 眼睛×2

象牙色： 内耳×2

褐色： 鼻子×1

绿色： 带子×2、脸上的花纹×1

橘黄色： 带子装饰×1

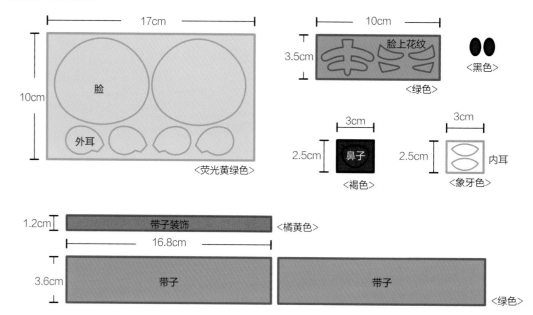

<奶牛>

白色： 脸×2、耳×2

红色： 嘴×2、角×2

黑色： 眼睛×2

深蓝色： 带子×2、脸上的花纹×1

深褐色： 带子装饰×1

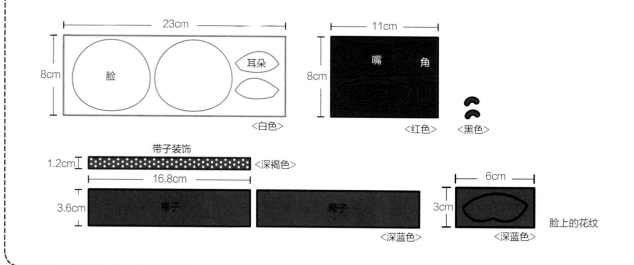

制作绑带

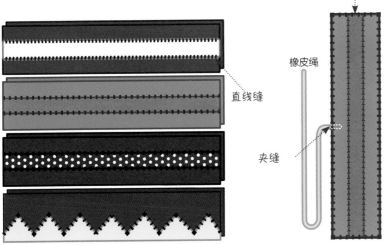

锁边缝

直线缝

橡皮绳

夹缝

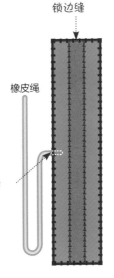

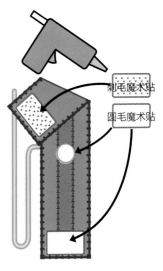

刺毛魔术贴

圆毛魔术贴

1 如上图所示，将带子上的装饰花纹与带子叠放在一起，用针引双股线、用直线缝缝好，线的颜色可以与装饰花纹的颜色相近或一致。

2 将两条带子重叠，沿边缘锁边。锁边时将橡皮绳夹缝在带子中间。

3 如上图所示，用热熔胶枪分别将刺毛、圆毛魔术贴粘在带子的正反两端，并在带子中间粘上圆毛魔术贴。

制作兔子头

锁边缝

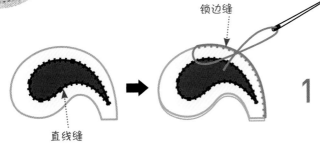

直线缝

1 将兔子的内耳叠放在兔子的外耳上，用针引深粉色双股线，用直线缝将内、外耳缝制在一起。再将两张外耳重叠，用浅黄色双股线锁边。按照相同的方法将兔子的另一只耳朵缝好。

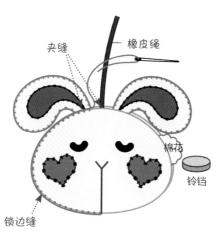

2 将两颗心叠放在兔子脸上，用浅紫色4股线、直线缝缝制。再用黏合剂将兔子眼睛粘在兔脸上，最后用针引红色4股线、用平针勾缝出鼻子和嘴。

3 将前后两张兔子脸重叠，沿边缘锁边缝。在锁边过程中将耳朵和橡皮绳夹缝进去，并填充棉花，放置铃铛。

4 用热熔胶枪将刺毛魔术贴粘于兔子头的后面，完成婴儿车兔子装饰的制作。

制作大象头

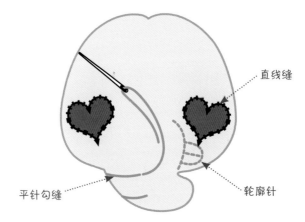

1 将两颗心叠放在大象脸上，用深粉色4股线、直线缝缝制。再用针引天蓝色4股线、用平针勾缝出大象鼻子上的曲线，用轮廓针绣出大象嘴。

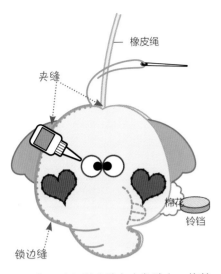

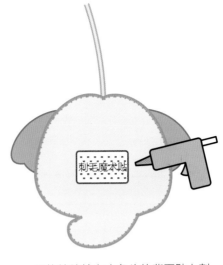

2 将眼睛和眼珠贴在大象脸上，将前后两张大象脸重叠，用天蓝色双股线，沿大象脸边缘锁边。在锁边的过程中，将大象耳朵和橡皮绳夹缝进去，并填充棉花，放置铃铛。

3 用热熔胶枪在大象头的背面贴上刺毛魔术贴。完成婴儿车大象装饰的制作。

制作老虎头

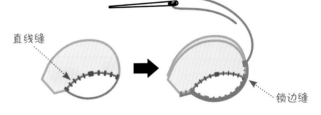

1 将老虎的内耳叠放在外耳上，引荧光黄绿色双股线、使用直线缝缝制。再将两张外耳重叠，用荧光黄绿色双股线沿老虎耳朵边缘锁边。按照相同的方法完成另一只耳朵的制作。

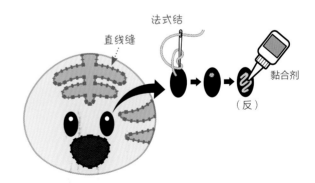

2 如图所示，将老虎鼻子和老虎脸上的花纹叠放在老虎脸上，分别引褐色和绿色的双股线，用直线缝缝制。再用针引白色4股线，用法式结在眼睛上缝制出眼珠。再用黏合剂将眼睛粘贴在老虎脸上。

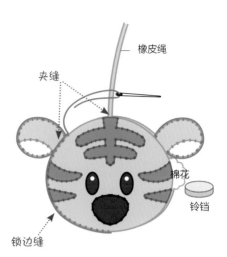

3 将两张老虎脸叠放在一起，用荧光黄绿色双股线，沿老虎脸边缘锁边。同时将耳朵和橡皮绳夹缝进去，并填充棉花、放置铃铛。

4 用热熔胶枪在老虎头的背面贴上刺毛魔术贴。完成婴儿车老虎装饰的制作。

制作奶牛头

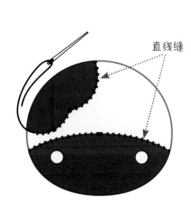

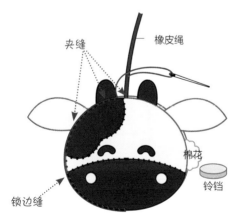

1 分别引红色4股线和黑色4股线将奶牛嘴和奶牛脸上的花纹用直线缝缝制在奶牛脸上。

2 将眼睛用黏合剂贴在奶牛脸上，把两张奶牛脸重叠，用白色双股线沿奶牛脸边缘锁边，同时将牛耳、牛角和橡皮绳夹缝进去，并填充棉花、放置铃铛。

3 用热熔胶枪将刺毛魔术贴贴于奶牛头的背面，完成婴儿车奶牛装饰的制作。

健步如飞的
兔子鞋

制作兔子鞋

裁剪毛毡布

<女孩用>

印度粉： 鞋帮×2、鞋底×2、鞋带×4、内耳×4

象牙色： 兔子脸×4、外耳×4

酒红色： 红脸蛋×4

白点花纹褐色： 防滑鞋底×2

准备材料

<女孩用>

毛毡布： 印度粉、象牙色、酒红色

防滑毛毡布： 白点花纹褐色

线： 1（白色）、9（粉色）、12（红色）、26（黑色）

<男孩用>

毛毡布： 薄荷绿、象牙色、蓝色

防滑毛毡布： 白点花纹褐色

线： 1（白色）、12（红色）、15（天蓝色）、26（黑色）

<通用>

针、剪刀、气消笔、雨滴状棉花、热熔胶枪、布艺棉、扣子、棉花球、圆形魔术贴

预计花费：12000韩元（约68.5元）　预计制作时间：4小时　预计售价：35000韩元（约199.5元）

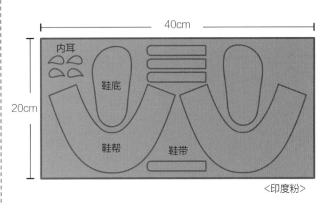

<印度粉>

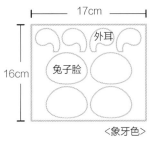

<象牙色>

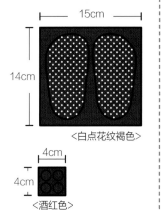

<白点花纹褐色>

<酒红色>

<男孩用>

薄荷绿： 鞋帮×2、鞋底×2、鞋带×4、内耳×4　　**象牙色：** 兔子脸×4、外耳×4

蓝色： 脸蛋×4　　**白点花纹褐色：** 防滑鞋底×2

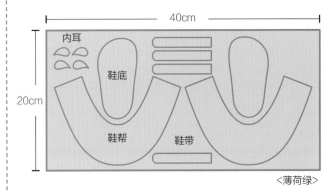

<薄荷绿>

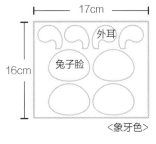

<象牙色>

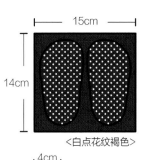

<白点花纹褐色>

<蓝色>

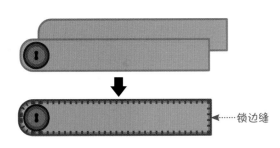

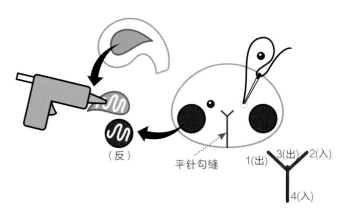

1 在一条鞋带的一端缝上扣子，将两条鞋带重叠后锁边（女孩用粉色双股线，男孩用天蓝色双股线）。

锁边缝

2 用热熔胶枪将内耳贴于外耳上，将红脸蛋贴于兔子脸上，再用黑色4股线在眼睛位置穿上珠子，并引红色4股线、用平针勾缝出兔子的鼻子和嘴。

平针勾缝

（反）

1(出) 3(出) 2(入)

4(入)

夹缝

锁边缝

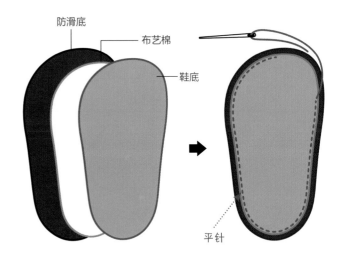

防滑底

布艺棉

鞋底

平针

3 将2张兔子脸叠放在一起，引白色双股线沿兔子脸边缘锁边，同时将兔子耳朵夹缝进去。留出填充口填充棉花，最后将填充口缝好。

4 如上图所示，将防滑底、布艺棉、鞋底按顺序叠放，沿鞋底边缘用平针缝制（女孩用粉色4股线，男孩用天蓝色4股线）。

在鞋底中夹入布艺棉可以使鞋底更加柔软，在裁剪布艺棉时，布艺棉需裁剪至比鞋底小5mm左右。

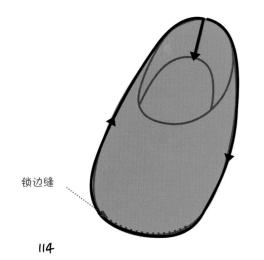

锁边缝

5 将鞋帮与鞋底重合，在边缘处按箭头方向锁边（女孩用粉色4股线，男孩用天蓝色4股线）。

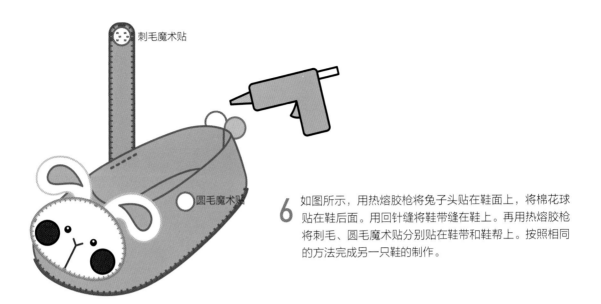

刺毛魔术贴

圆毛魔术贴

6 如图所示，用热熔胶枪将兔子头贴在鞋面上，将棉花球贴在鞋后面。用回针缝将鞋带缝在鞋上。再用热熔胶枪将刺毛、圆毛魔术贴分别贴在鞋带和鞋帮上。按照相同的方法完成另一只鞋的制作。

13

宝贝努力迈出第一步时穿的

学步鞋

制作学步鞋

裁剪毛毡布

薄荷绿： 鞋帮×2、鞋底×2、老虎嘴×2

深褐色： 鞋面×2、鞋底×2、鼻子×2、脸上花纹

象牙色： 老虎脸×2、耳朵×4

白点花纹褐色： 防滑鞋底×2

准备材料

毛毡布： 薄荷绿、深褐色、象牙色
防滑毛毡布： 白点花纹褐色
线： 2（象牙色）、15（天蓝色）、23（深褐色）

预计花费：12000韩元（约68.5元）　预计制作时间：3小时　预计售价：35000韩元（约199.5元）

28cm

老虎嘴

鞋底

23cm

鞋帮

〈薄荷绿〉

31cm

鞋底

20cm

鞋面

〈深褐色〉

13cm

老虎脸

耳朵

8cm

〈象牙色〉

16cm

16cm

〈白点花纹褐色〉

★ 在纸样中有两种鞋号，分别是12.5cm和14cm。

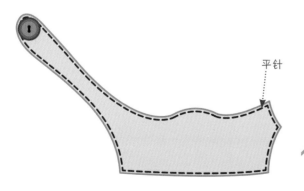

平针

1 如图所示，引深褐色4股线，沿鞋帮边缘用平针缝制一圈，并在布的顶端缝上扣子。

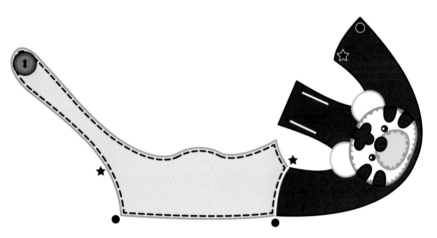

留出两道开口，在完成制作后将薄荷绿色鞋带穿入。

直线缝

（反）

2 用白色双股线、直线缝将老虎脸缝制在鞋面上，再将老虎鼻子叠放在老虎脸上，引天蓝色双股线，用直线缝缝制在一起。在眼睛位置用深褐色4股线穿上眼珠。最后用热熔胶枪将鼻子和老虎脸上的花纹贴在老虎脸上。

3 如上图所示，将圆圈与圆圈重叠、星星与星星重叠，用锁边缝缝制。

鞋底 — 布艺棉

鞋底

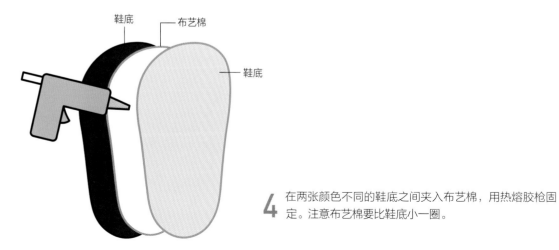

4 在两张颜色不同的鞋底之间夹入布艺棉，用热熔胶枪固定。注意布艺棉要比鞋底小一圈。

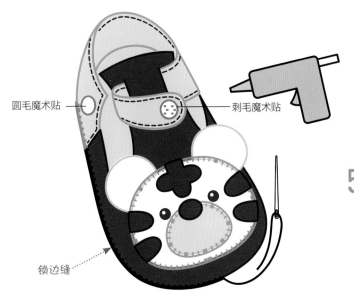

圆毛魔术贴

刺毛魔术贴

锁边缝

5 将鞋帮与鞋面叠放在鞋底上，沿鞋底边缘锁边（深褐色鞋面部分用深褐色4股线，薄荷绿鞋帮部分用天蓝色4股线）。如左图所示，分别将圆毛、刺毛魔术贴用热熔胶枪贴于鞋帮、鞋带上。

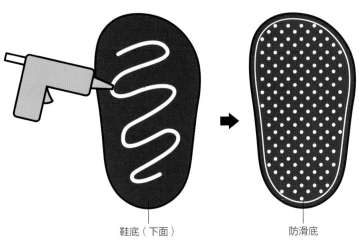

鞋底（下面）

防滑底

6 用热熔胶枪将防滑底贴于鞋底，注意防滑底要比鞋底小2mm左右。

14

适合调整宝贝身高的

增高椅垫

1. 制作红色增高椅垫

适用年龄
3~5岁

裁剪毛毡布

红色： 30cm×30cm的底布×2、
30cm×10cm底布×4、花心×2
天蓝色： 花朵×1
黄色： 花朵×2
绿色： 叶子×3
其他颜色： 小花×12

准备材料

毛毡布： 红色、黄色、绿色、天蓝色、其他颜色
线： 6（黄色）、12（红色）、16（海蓝色）、20（绿色）
辅助材料： 针、剪刀、气消笔、10cm正六面体海绵×9、缎带

预计花费：15000韩元（约85.5元）　预计制作时间：3小时
预计售价：40000韩元（约228元）

16cm

15cm

花朵

＜天蓝色＞

19cm

10cm

花朵

＜黄色＞

9cm

5cm

＜红色＞

＜各种其他颜色＞

14cm

11cm

叶子

＜绿色＞

30cm　30cm　10cm　30cm

30cm

10cm

10cm

10cm

＜红色＞

1 如左图所示，在30cm×10cm的底布上用平针缝上3朵小花。缝制时使用双股线，线的颜色最好与花朵颜色形成鲜明对比。以相同的方法制作其余3面。

2 如右图所示，用直线缝将
花朵、花心、花叶缝在
30cm×30cm的底布上，
使用与花朵、花心、花叶
颜色相同的双股线。

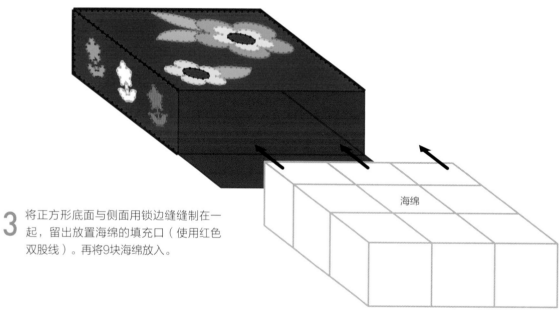

海绵

3 将正方形底面与侧面用锁边缝缝制在一
起，留出放置海绵的填充口（使用红色
双股线）。再将9块海绵放入。

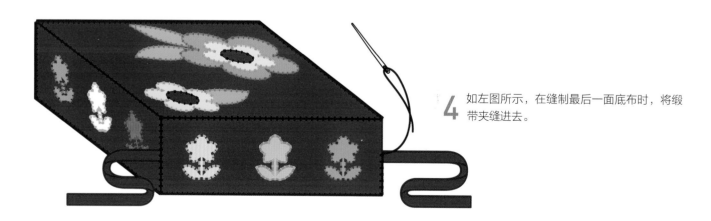

4 如左图所示，在缝制最后一面底布时，将缎
带夹缝进去。

2.制作蓝色增高椅垫

裁剪毛毡布

黄色： 大号宇宙飞船上、下部分各×1，大星星×1，小行星×2

橘黄色： 大行星×2，小行星环绕带×2，大型宇宙飞船轮子×1，小宇宙飞船轮子×1

海蓝色： 小宇宙飞船×1，大行星环绕带×2，大宇宙飞船轮子×1，宇宙飞船上的天线接头×1

白色： 大、中、小型云朵各×2

红色： 小型宇宙飞船轮子×1，宇宙飞船上的天线接头×1，大型宇宙飞船轮子×1

浅黄色： 小星星×1，小宇宙飞船窗户×2

深蓝色： 大宇宙飞船窗户×3，30cm×30cm底布×2，30cm×10cm底布×4

准备材料

毛毡布： 深蓝色、海蓝色、红色、黄色、浅黄色、橘黄色、白色
辅助材料： 针、线、海绵、缎带
线： 1（白色）、6（黄色）、7（橘黄色）、12（红色）、16（海蓝色）、17（蓝色）

预计花费：15000韩元（约85.5元）　预计制作时间：3小时　预计售价：40000韩元（约228元）

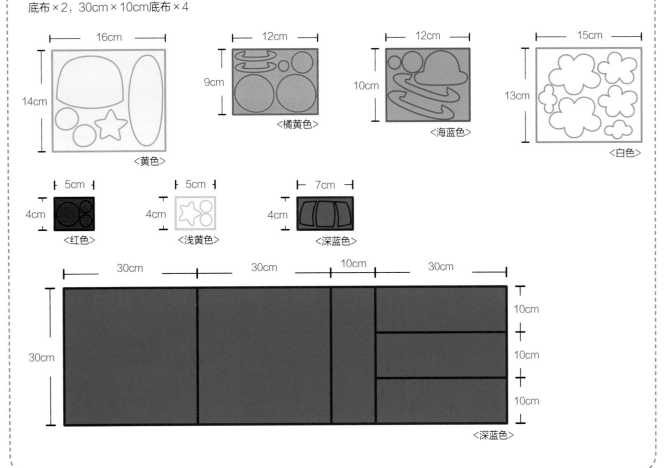

16cm / 14cm ＜黄色＞

12cm / 9cm ＜橘黄色＞

12cm / 10cm ＜海蓝色＞

15cm / 13cm ＜白色＞

5cm / 4cm ＜红色＞

5cm / 4cm ＜浅黄色＞

7cm / 4cm ＜深蓝色＞

30cm / 30cm / 10cm / 30cm

30cm / 10cm / 10cm / 10cm ＜深蓝色＞

1 在2张30cm×10cm的底布上用直线缝分别缝上大、中、小3朵云彩（白色双股线）。

直线缝

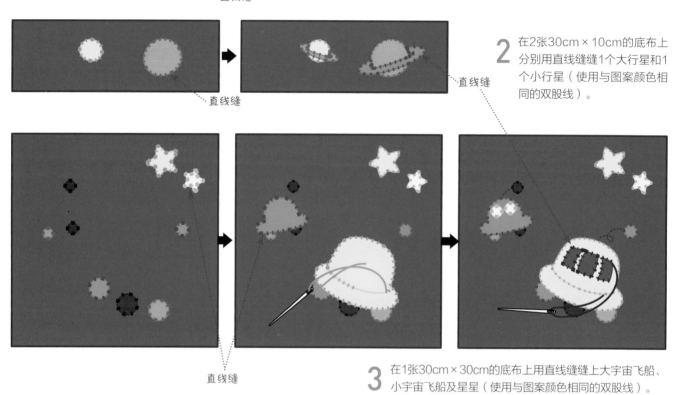

直线缝

直线缝

2 在2张30cm×10cm的底布上分别用直线缝缝1个大行星和1个小行星（使用与图案颜色相同的双股线）。

直线缝

直线缝

3 在1张30cm×30cm的底布上用直线缝缝上大宇宙飞船、小宇宙飞船及星星（使用与图案颜色相同的双股线）。

锁边缝

海绵

4 留出填充海绵的填充口，将其余各面锁边缝好（使用蓝色双股线），填充进9块海绵。

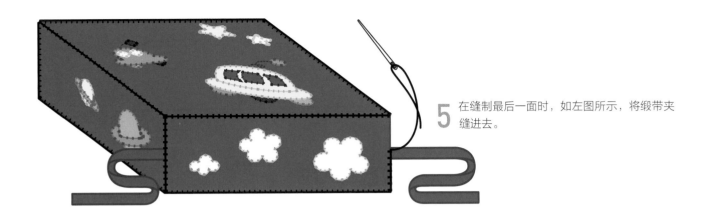

5 在缝制最后一面时，如左图所示，将缎带夹缝进去。

测量宝贝身高的

蔬菜身高量尺

15

1. 制作黄瓜身高量尺

裁剪毛毡布

草绿色： 黄瓜×2

白色： 眼白×2，瞳孔×2，黄瓜光泽×1

黑色： 眼珠×2，睫毛×4，斑点×17

红色： 数字80、90、100、110、120、130、140

准备材料

毛毡布： 草绿色、红色、白色、黑色

线： 1（白色）、19（浅绿色）、20（绿色）

辅助材料： 剪刀、气消笔、针、布艺棉、悬挂用缎带、热熔胶枪、黏合剂

预计花费：15000韩元（约85.5元） 预计制作时间：3小时 预计销售价：45000韩元（约256.5元）

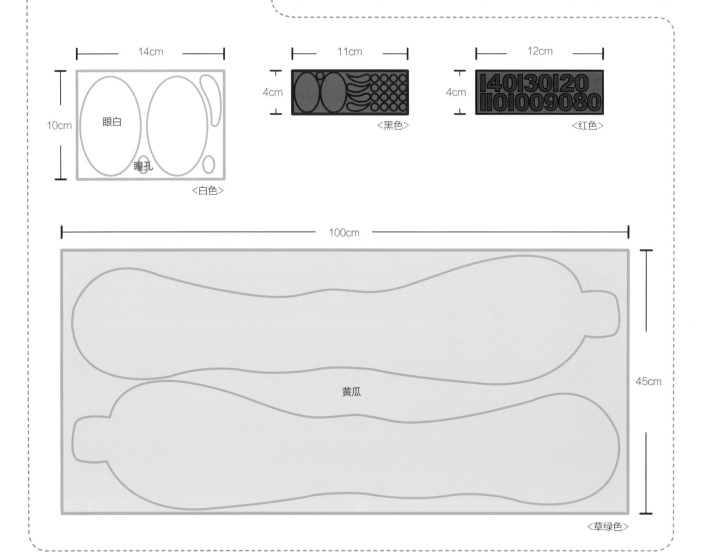

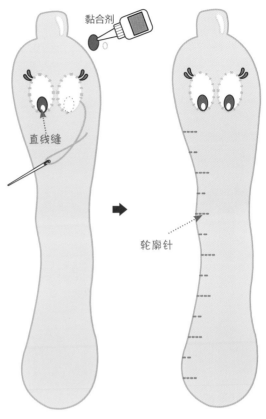

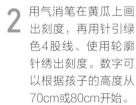

1 用白色双股线、使用直线缝将眼白缝在黄瓜图案上。再用黏合剂将黑色眼珠贴于眼白上，将白色瞳孔贴在眼珠上，最后贴上睫毛。

2 用气消笔在黄瓜上画出刻度，再用针引绿色4股线、使用轮廓针绣出刻度。数字可以根据孩子的高度从70cm或80cm开始。

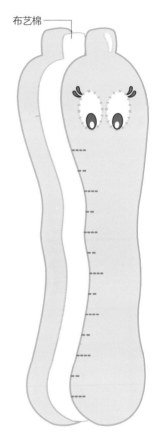

布艺棉

3 将布艺棉夹在2片黄瓜中间，沿黄瓜边缘锁边。注意布艺棉要比黄瓜窄3mm左右。

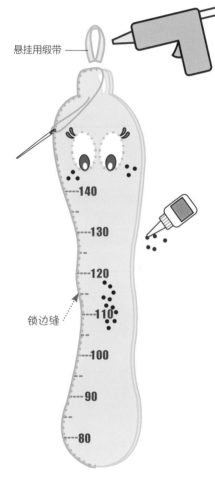

悬挂用缎带

锁边缝

4 用黏合剂将数字和斑点贴于黄瓜上，并用热熔胶枪将悬挂用缎带贴于黄瓜把后面。

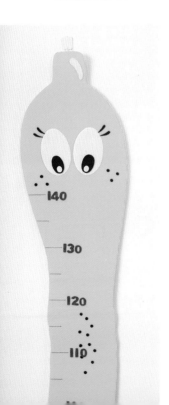

2.制作胡萝卜身高量尺

橘黄色： 胡萝卜×2

绿色： 胡萝卜叶×2

白色： 眼白×2，瞳孔×2，心×3

黑色： 眼珠×2，睫毛×4，数字80、90、100、110、120、130、140

准备材料

毛毡布： 橘黄色、绿色、白色、黑色

线： 1（白色）、7（橘黄色）、20（绿色）

辅助材料： 剪刀、气消笔、针、布艺棉、悬挂用缎带、热熔胶枪、黏合剂

预计花费：15000韩元（约85.5元） 预计制作时间：3小时 预计售价：45000韩元（约256.5元）

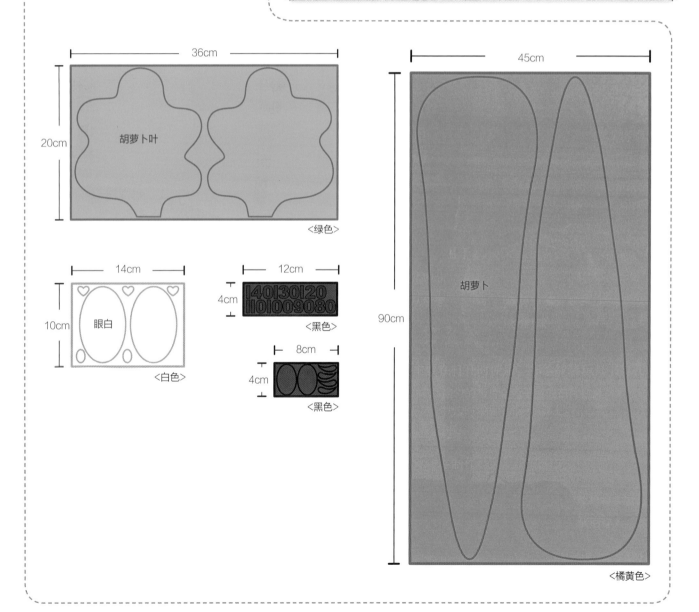

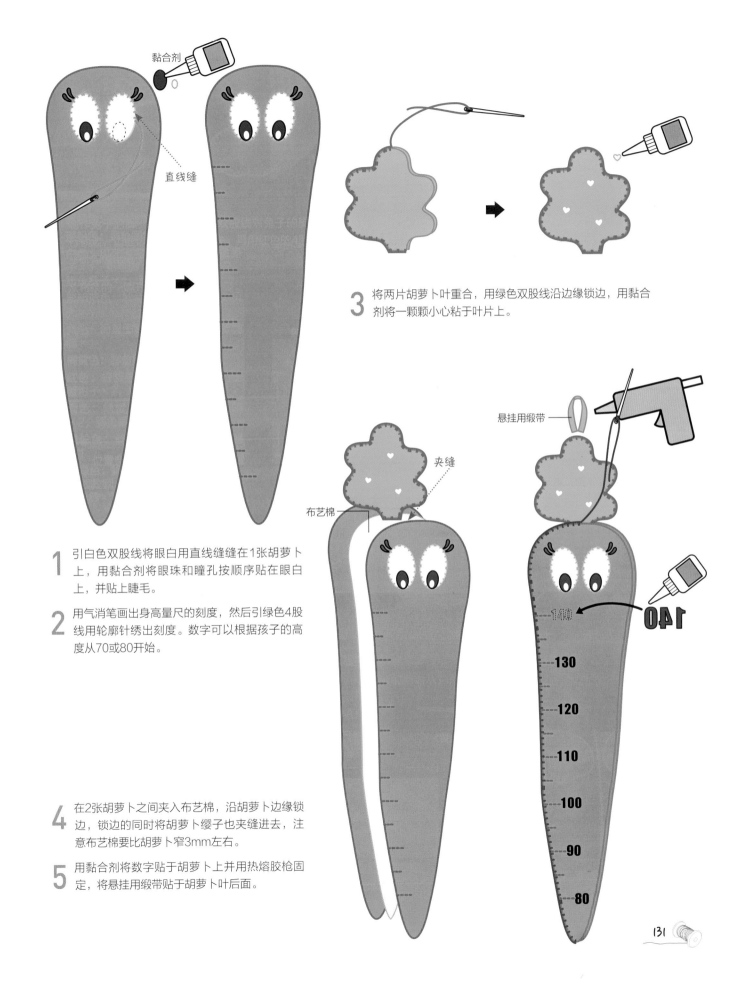

黏合剂

直线缝

将两片胡萝卜叶重合，用绿色双股线沿边缘锁边，用黏合
3 剂将一颗颗小心粘于叶片上。

悬挂用缎带

夹缝

布艺棉

1 引白色双股线将眼白用直线缝缝在1张胡萝卜
上，用黏合剂将眼珠和瞳孔按顺序贴在眼白
上，并贴上睫毛。

2 用气消笔画出身高量尺的刻度，然后引绿色4股
线用轮廓针绣出刻度。数字可以根据孩子的高
度从70或80开始。

4 在2张胡萝卜之间夹入布艺棉，沿胡萝卜边缘锁
边，锁边的同时将胡萝卜缨子也夹缝进去，注
意布艺棉要比胡萝卜窄3mm左右。

5 用黏合剂将数字贴于胡萝卜上并用热熔胶枪固
定，将悬挂用缎带贴于胡萝卜叶后面。

140

130

120

110

100

90

80

PART 5

运动、学习玩具

16

让宝宝在游戏中认识数字的

数字足球

制作数字足球

适用年龄
1岁以上

裁剪毛毡布

白色：六边形×20

蓝色：五边形×12

草绿色：数字1×1，数字6×1，星星×1

海蓝色：数字3×1，数字8×1，小花×1

深粉色：数字5×1，数字0×1，星星×1

黄色：数字2×1，数字7×1，香蕉×3

橘黄色：数字4×1，数字9×1，小花×1

红色：草莓×2，

绿色：草莓蒂×2

粉色：小花×1

准备材料

毛毡布：白色、蓝色、草绿色、黄色、橘黄色、海蓝色、深粉色、红色、绿色、粉色

线：1（白色）

辅助材料：针、剪刀、气消笔、棉花、热熔胶枪、铃铛

预计花费：10000韩元（约57元）　预计制作时间：3小时　预计售价：35000韩元（约199.5元）

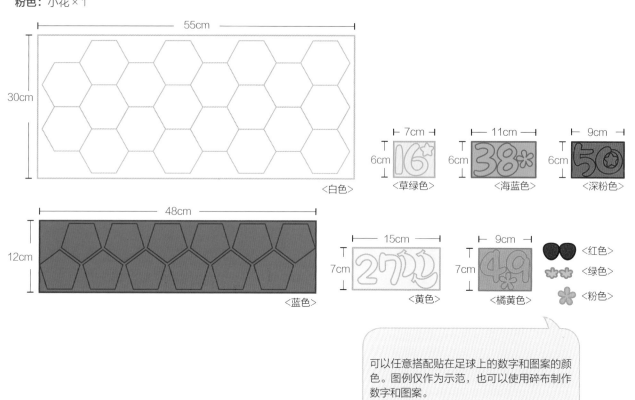

可以任意搭配贴在足球上的数字和图案的颜色。图例仅作为示范，也可以使用碎布制作数字和图案。

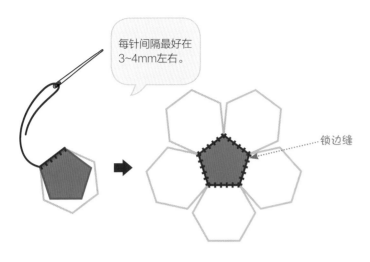

每针间隔最好在
3~4mm左右。

锁边缝

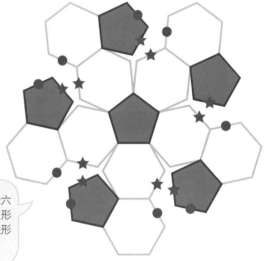

1 如图所示，将1张五边形和1张六边形叠放在一起，并对重叠的一边进行锁边，将5张六边形缝在1张五边形周围。

在1张五边形上缝上5张六边形，同时将每个六边形与3张五边形和3张六边形交错连接。

2 如上图所示，分别将星星与星星、圆形与圆形对应进行锁边，缝制出半个球体。按照相同的方法缝制出另外半个球体，将两个半球体缝制在一起，预留出填充棉花和放置铃铛的填充口。

铃铛

棉花

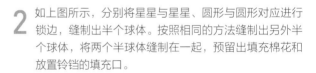

3 在填充棉花并放置铃铛后将预留口缝合，用热熔胶枪将数字、花朵、心形、草莓等缝在六边形上。

制作多彩南瓜球

视频 4-07 多彩南瓜球

适用年龄 3个月以上

<数字南瓜球>

驼色：数字1×1，数字4×1，南瓜球侧面×2，南瓜把儿×2

卡其色：数字2×1，数字5×1，南瓜球侧面×2

橘黄色：数字3×1，数字6×1，南瓜球侧面×2

<星星图案南瓜球>

黄色：星星×2，南瓜球侧面×2，南瓜把儿×2

蓝色：星星×2，南瓜球侧面×2

深粉色：星星×2，南瓜球侧面×2

准备材料

<数字南瓜球>

毛毡布：驼色、卡其色、橘黄色

线：2（象牙色）、23（深褐色）

<星星图案南瓜球>

毛毡布：黄色、蓝色、深粉色

线：21（浅褐色）、23（深褐色）

<通用>

剪刀、针、气消笔、水滴状棉花、铃铛、热熔胶枪

预计花费：每个6500韩元（约37元）　预计制作时间：1小时30分　预计售价：15000韩元（约85.5元）

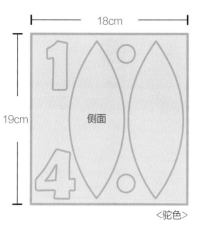

18cm

19cm

侧面

<驼色>

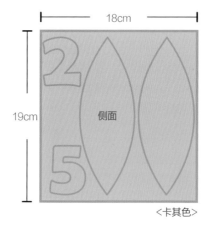

18cm

19cm

侧面

<卡其色>

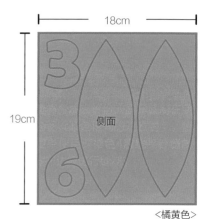

18cm

19cm

侧面

<橘黄色>

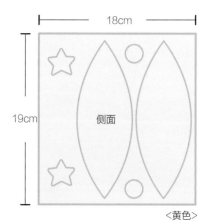

18cm

19cm

侧面

<黄色>

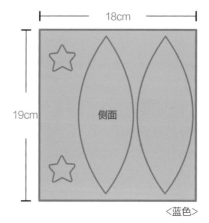

18cm

19cm

侧面

<蓝色>

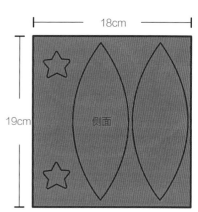

18cm

19cm

侧面

<深粉色>

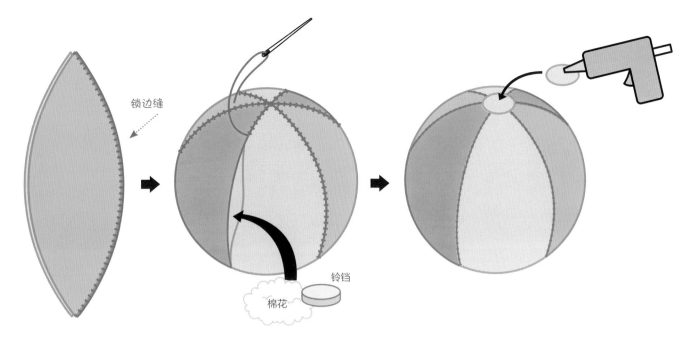

锁边缝

铃铛

棉花

1 将颜色不同的两个侧面重叠，用象牙色4股线将侧面的一边锁边（星星图案南瓜球用浅褐色线）。

2 将南瓜球的侧面颜色交替缝制在一起，留出最后一边用于填充棉花和铃铛。

3 用热熔胶枪在球的顶部和底部贴上南瓜把儿和南瓜头儿。

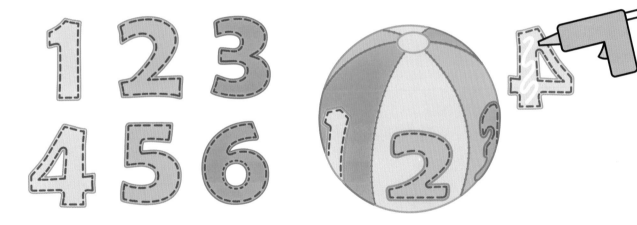

4 用深褐色4股线沿数字边缘平针缝制一圈。

5 用热熔胶枪将数字贴于南瓜球侧面，如果担心孩子会用嘴咬南瓜球可以省略步骤4，在裁剪出侧面后，直接用平针缝将数字缝制在侧面上。

18

宝贝喜欢的

运动玩具球

制作运动玩具球

裁剪毛毡布

准备材料

<足球>	**<棒球>**	**<篮球>**	**<橄榄球>**
毛毡布: 白色、黑色	**毛毡布:** 白色	**毛毡布:** 橘黄色	**毛毡布:** 深褐色、白色
线: 1(白色)	**线:** 12(红色)	**线:** 26(黑色)	**线:** 23(深褐色)

<通用>

针、剪刀、气消笔、铃铛、棉花

预计花费:15000韩元(约85.5元)　预计制作时间:5小时　预计售价:45000韩元（约256.5元)

<足球>
白色: 六边形×20
黑色: 五边形×12

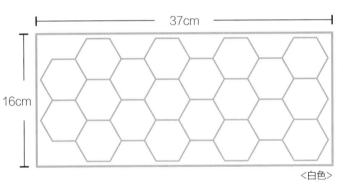

37cm

16cm

<白色>

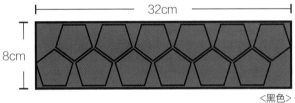

32cm

8cm

<黑色>

<棒球>
白色: 侧面×8

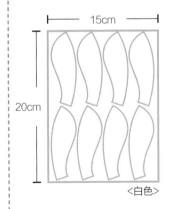

15cm

20cm

<白色>

<篮球>
橘黄色: 侧面×8

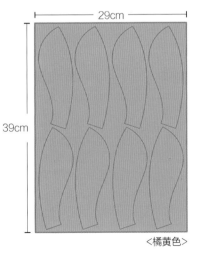

29cm

39cm

<橘黄色>

<橄榄球>
深褐色: 侧面×4
白色: 球上条纹

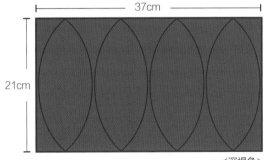

37cm

21cm

<深褐色>

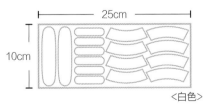

25cm

10cm

<白色>

制作足球

在1张五边形周围缝上5张六边形，同时每个六边形将与3张五边形和3张六边形交错连接。

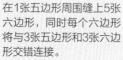

2 如上图所示，分别将星星与星星、圆形与圆形对应在一起并进行锁边，缝制出半个球体。以相同的方法缝制出另外半个球体。

锁边缝

1 将1张五边形和1张六边形重叠，并对重叠的一边进行锁边（使用白色双股线，每针间隔最好在3~4mm左右）。如图所示，将5张六边形缝在1张五边形周围。

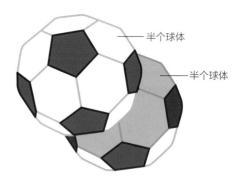

半个球体

半个球体

3 将两个半球体缝制在一起，预留出填充棉花和放置铃铛的填充口。

铃铛

棉花

4 在填充棉花、放置铃铛后将预留口缝合。

制作棒球

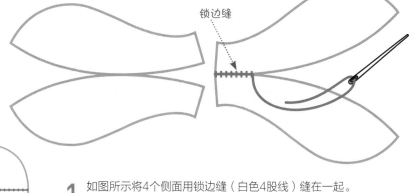

锁边缝

1 如图所示将4个侧面用锁边缝（白色4股线）缝在一起。
按照相同的方法将另外4个侧面缝制在一起。

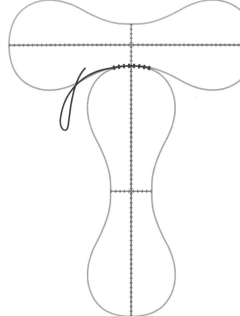

2 如图所示，将步骤1中缝制出的2个大侧面沿边缘进行锁
边（红色4股线），留出填充棉花和铃铛的填充口。

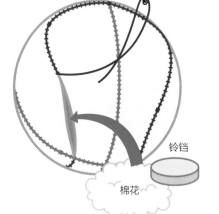

铃铛

棉花

3 填充棉花、放置铃铛，最后将填充口缝好。

制作篮球

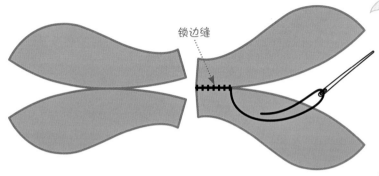

如果要穿8股线，最好使用大号针（5号，9cm）

锁边缝

1 将篮球的4个侧面如图所示摆放，沿边缘进行锁边缝（黑色8股线）缝合，按照相同的方法将另外4个侧面缝制在一起。

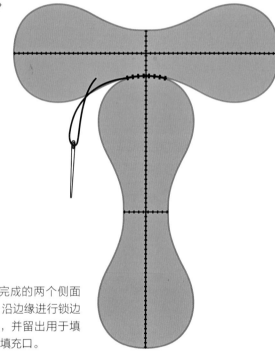

2 将步骤1中缝制完成的两个侧面如图所示摆放，沿边缘进行锁边（黑色8股线），并留出用于填奈棉花和铃铛的填充口。

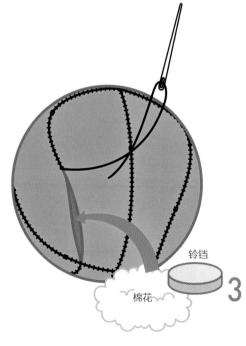

铃铛

棉花

3 通过填充口填充棉花、放置铃铛，最后将填充口缝好。

制作橄榄球

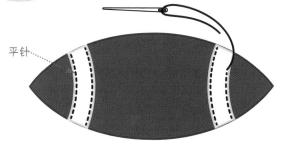

平针

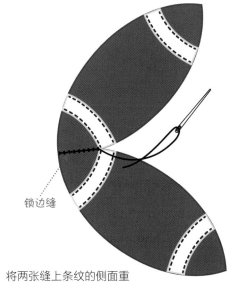

锁边缝

1 如图所示，将白色条纹与橄榄球的一个侧面重叠，用平针缝制（使用深褐色4股线），按照相同的方法，将另外的侧面用平针缝上白色条纹。

2 将两张缝上条纹的侧面重叠，对其中一边进行锁边（使用深褐色4股线），按照相同的方法将其余侧面缝好。

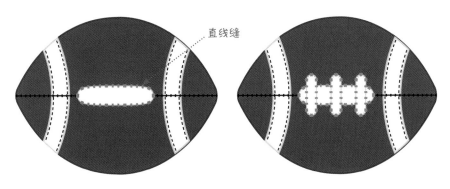

直线缝

3 如图所示，将白色条纹叠放在两个拼接的侧面的接线处，用直线缝缝制（使用白色双股线）。

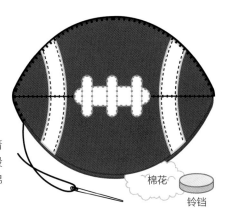

4 将两个拼接的侧面重叠，沿着边缘进行锁边（使用深褐色4股线），在锁边的过程中填充棉花、放置铃铛，最后完成锁边。

棉花

铃铛

19

寻找我的另一半

海洋生物拼图

制作海洋生物拼图

裁剪毛毡布

黄绿色：螃蟹图案的底布×4

深粉色：章鱼图案的底布×4

白色：贝壳图案的底布×4，章鱼身子×1，章鱼脚×1，螃蟹眼睛×2，鲫鱼身子×1，鲫鱼眼白×1

淡明蓝色：鲶鱼图案的底布×4，贝壳×1

黄色：海星图案的底布×4，螃蟹胸膛×1

橘黄色：鲫鱼图案的底布×4

红色：螃蟹身体×1，螃蟹×2，螃蟹钳子×2，章鱼×1，蝴蝶结×1

黑色：螃蟹眼珠子×2，章鱼眼睛×2，鲫鱼眼珠子×1

浅粉色：鲶鱼身体×1，鲫鱼鱼鳍×1

浅绿色：鲶鱼脸×1，鲶鱼鱼鳍×2，章鱼嘴×1，鲫鱼头×2，鲫鱼尾巴×1，鲫鱼鳍×2

准备材料

毛毡布：黄绿色、深粉色、白色、淡明蓝色、黄色、橘黄色、红色、黑色、浅粉色、浅绿色

线：1（白色）、6（黄色）、7（橘黄色）、9（粉色）、11（玫粉色）、12（红色）、16（海蓝色）、19（浅绿色）、26（黑色）

辅助材料：针、剪刀、气消笔、布艺棉、黏合剂

预计花费：9500韩元（约54元）　预计制作时间：4小时　预计售价：40000韩元（约228元）

在裁剪出海洋动物和底布后，分别将动物和底布对应叠放在一起，将其裁剪为2等份。裁剪前可将海洋动物与底布之间涂抹少量黏合剂，按底布的中间线，将叠放在一起的动物和底布剪成2等份。注意在涂抹黏合剂时尽量避免涂抹在走针位置。

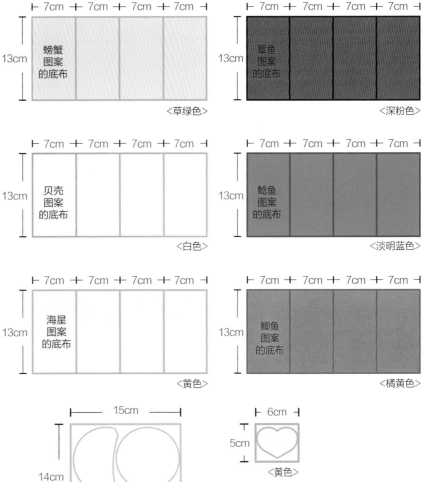

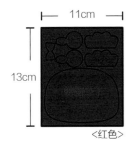

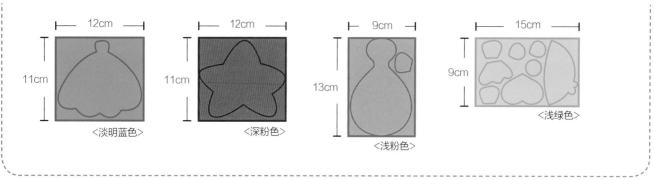

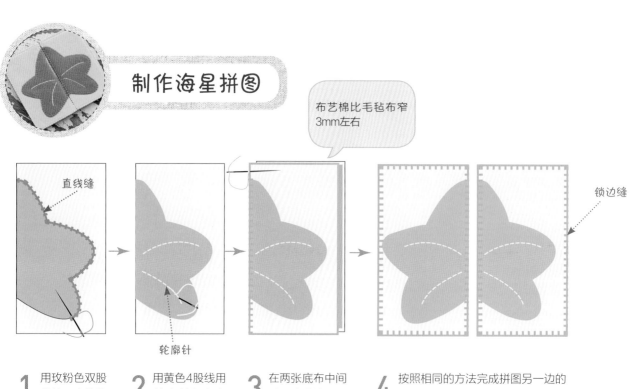

布艺棉比毛毡布窄
3mm左右

直线缝

轮廓针

锁边缝

制作海星拼图

1 用玫粉色双股线使用直线缝将半个海星缝制在底布上。

2 用黄色4股线用轮廓针绣出海星身上的花纹。

3 在两张底布中间夹入布艺棉，用黄色双股线沿底布边缘锁边。

4 按照相同的方法完成拼图另一边的制作。

12cm

11cm

<淡明蓝色>

12cm

11cm

<深粉色>

9cm

13cm

<浅粉色>

15cm

9cm

<浅绿色>

制作贝壳拼图

直线缝

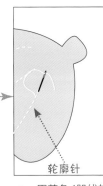

轮廓针

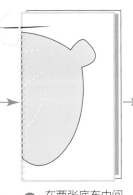

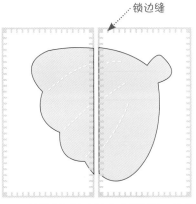

锁边缝

1 用海蓝色双股线直线缝将半个贝壳缝制在底布上。

2 用黄色4股线轮廓针绣出贝壳身上的花纹。

3 在两张底布中间夹入布艺棉，用白色双股线沿底布边缘锁边。

4 按照相同的方法完成拼图另一边的制作。

制作螃蟹拼图

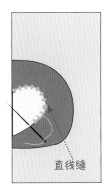

直线缝

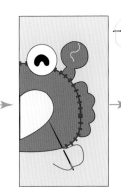

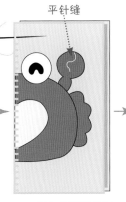

平针缝

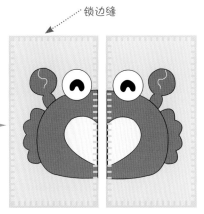

锁边缝

1 将半个螃蟹的身体和螃蟹的胸部按顺序叠放在底布上，用黄色双股线直线缝沿螃蟹胸部边缘缝制一圈。

2 将螃蟹腿和螃蟹钳子叠放在螃蟹身子下，用红色双股线直线缝缝制，再用白色双股线直线缝将螃蟹眼睛缝在螃蟹身上。

3 用白色双股线平针缝缝制出螃蟹钳子上的线条，在两张底布中间夹入布艺棉，用浅绿色双股线沿底布边缘锁边。

4 按照相同的方法完成拼图另一边的制作。

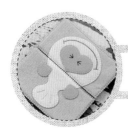

制作鲶鱼拼图

锁边缝

1 用粉色双股线直线缝将半个鲶鱼缝制在底布上。

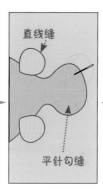

直线缝

平针勾缝

2 用浅绿色双股线直线缝将鱼鳍缝制在鲶鱼身上，用深蓝色4股线平针勾缝出鲶鱼的尾部线条。

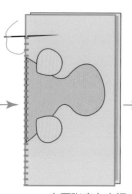

3 在两张底布中间夹入布艺棉，用海蓝色双股线沿底布边缘锁边。

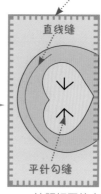

轮廓针

直线缝

平针勾缝

4 按照相同的方法完成拼图另一边的制作（鲶鱼嘴用红色4股线，眼睛用黑色4股线）。

制作章鱼拼图

直线缝

1 用白色双股线直线缝将半个章鱼身子和章鱼脚按顺序缝制在底布上。

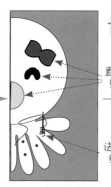

直线缝

法式结

2 用直线缝缝出眼睛、嘴、蝴蝶结（分别用黑色、浅绿色、红色的双股线），再用红色4股线法式结缝出吸盘。

3 在两张底布中间夹入布艺棉，用玫粉色双股线沿底布边缘锁边。

锁边缝

4 按照相同的方法完成拼图另一边的制作。

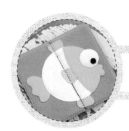 制作鲫鱼拼图

直线缝→

1 用直线缝将半个鱼头、鱼鳍、鱼身按顺序缝制在底布上（分别使用浅绿色、白色双股线）。

直线缝

2 用直线缝将眼睛和眼珠按顺序缝制在底布上（分别使用白色、黑色双股线）。

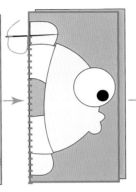

3 在两张底布中间夹入布艺棉，用橘黄色双股线沿底布边缘锁边。

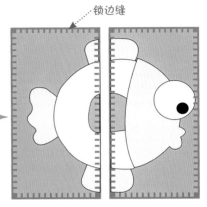

锁边缝

4 以相同的方法完成拼图另一边的制作。

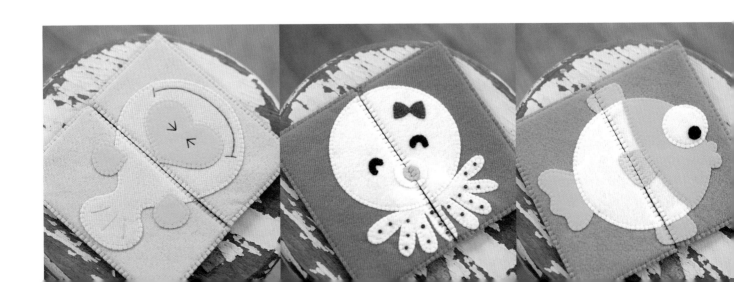

20

培养宝宝解决问题能力的

交通工具立体拼图

制作交通工具立体拼图

裁剪毛毡布

白色： 潜水艇图案的底布×3，地铁×1，飞机上半部×1，汽车的车窗×2，汽车轮子的中心轴×2，货车的车窗×1，货车轮子的中心轴×3，潜水艇的窗户×3，火箭上的大窗户×1

蓝色： 货车×1，潜水艇×1，飞机上的窗户×3，地铁上的装饰带子×1

淡明蓝色： 火箭图案的底布×3，飞机的下半部×1，飞机上的窗户×1，地铁窗户×3，潜水艇入口×1，潜水艇的螺旋桨×2，汽车车灯×2

红色： 汽车×1，火箭发出的火焰×1，火箭上的小窗户×1

橘黄色： 火箭×1，火箭发出的小火焰×1，潜水艇灯×1，潜水艇螺旋桨上的中心轴×1，货车灯×1

绿色： 汽车图案的底布×3，货车货物×1，飞机的大型机翼×1，飞机机尾×1

深褐色： 货车车轮×3，汽车车轮×2，汽车后保险杠×1

黄色： 货车图案的底布×3，火箭头×1，火箭翼×2，火箭尾部翼×1，潜水艇入口的门×1

黄绿色： 地铁图案的底布×3

亮粉红色： 飞机图案的底布×3

> 剪出图案和底布片后，分别将二者一一对应重叠，并剪成3等份。在将图案分成3份之前，可以使用黏合剂在底布的适当位置上固定图案，然后用剪刀将底布分成3等份。注意涂抹黏合剂时，要避免涂抹在走针的位置。

准备材料

毛毡布： 白色、蓝色、淡明蓝色、红色、橘黄色、绿色、深褐色、黄色、草绿色、亮粉红色

线： 1（白色）、6（黄色）、7（橘黄色）、12（红色）、16（海蓝色）、17（蓝色）、20（绿色）、23（深褐色）

辅助材料： 针、剪刀、气消笔、7cm正六面体海绵×3、水滴状铃铛×3、黏合剂

预计花费：15000韩元（约85.5元）　　预计制作时间：5小时
预计售价：40000韩元（约228元）

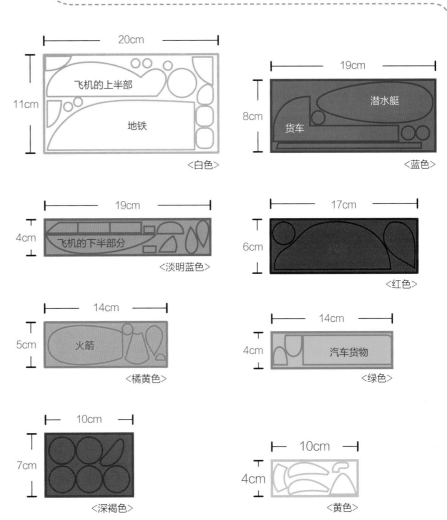

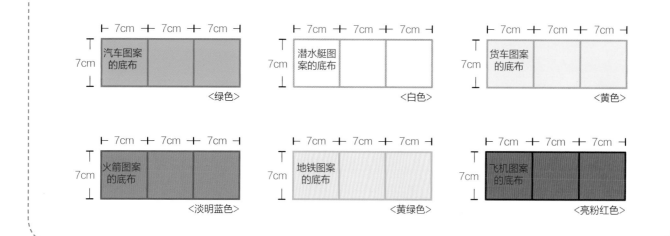

|⊢ 7cm ⊹ 7cm ⊹ 7cm ⊣|

汽车图案
的底布

7cm

<绿色>

潜水艇图
案的底布

7cm

<白色>

货车图案
的底布

7cm

<黄色>

火箭图案
的底布

7cm

<淡明蓝色>

地铁图案
的底布

7cm

<黄绿色>

飞机图案
的底布

7cm

<亮粉红色>

制作货车图案拼图

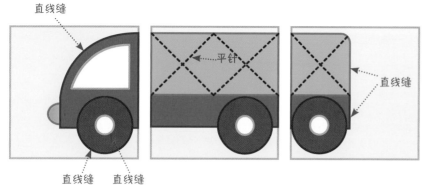

直线缝

平针

直线缝

直线缝 直线缝

用直线缝将分成三等份的图案缝制在底布上（使用与图案颜色相同的双股线）。货车货物上的线条使用深褐色4股线平针缝制，注意不对底布边缘进行缝制。

制作地铁图案拼图

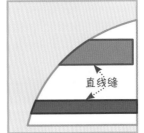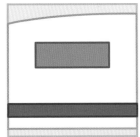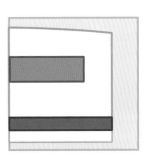

直线缝

用直线缝将裁剪为三等份的地铁图案缝制在底布上（使用与图案颜色一致的双股线）。

制作潜水艇图案拼图

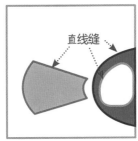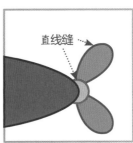

直线缝

直线缝

直线缝

用直线缝将裁剪为三等份的潜水艇图案缝制在底布上（使用与图案颜色一致的双股线）。

制作飞机图案拼图

 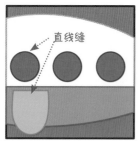 

用直线缝将裁剪为三等份的飞机图案缝制在底布上（使用与图案颜色一致的双股线）。

制作火箭图案拼图

 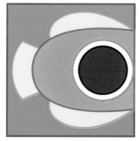 

用直线缝将裁剪为三等份的火箭图案缝制在底布上（使用与图案颜色一致的双股线）。

制作汽车图案拼图

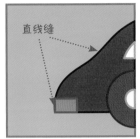
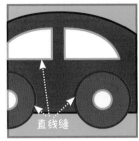
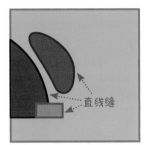

用直线缝将裁剪为三等份的汽车图案缝制在底布上（使用与图案颜色一致的双股线）。

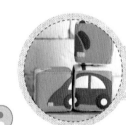

组装缝制

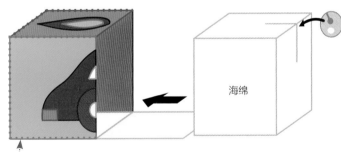

1 将每种图形各取一面缝制成正六面体（使用黄色双股线），在海绵上剪一刀，将水滴状铃铛嵌入其中，并将海绵填充进正六面体中，最后将正六面体的最后一面锁边。

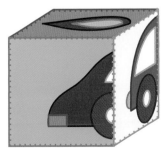
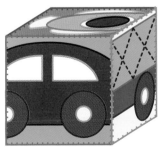
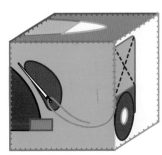

2 按照相同的方法制作出其余两个正六面体。

21

培养宝宝认识事物能力的

蔬菜立体拼图

制作蔬菜立体拼图

适用年龄
5岁以上

✂ 裁剪毛毡布

浅绿色： 黄瓜图案的底布×4，萝卜缨子×1

土黄色： 白萝卜图案底布×4

杏色： 茄子图案底布×4

海蓝色： 胡萝卜图案底布×4

黄色： 辣椒图案底布×4

粉色： 西红柿图案底布×4

绿色： 黄瓜×1，西红柿蒂×1，青椒×1，白萝卜缨子×1

白色： 白萝卜×1，西红柿上的光泽×1，茄子上的光泽×1

橘黄色： 胡萝卜×1

红色： 西红柿×1，红辣椒×1

浅紫色： 茄子×1

紫色： 茄子把儿×1

深绿色： 辣椒把儿×2

> 在裁剪出图案和底布后，将图案和底布一一对应重叠剪成四等份。在将图案剪开之前，可以使用黏合剂在底布的适当位置固定图案，然后再用剪刀将底布分成四等份。注意涂抹黏合剂时，要避免涂抹在走针的位置。

准备材料

毛毡布： 浅绿色、土黄色、杏色、海蓝色、黄色、粉色、绿色、白色、橘黄色、红色、浅紫色、紫色、深绿色

线： 1（白色）、6（黄色）、7（橘黄色）、12（红色）、13（浅紫色）、14（紫色）、19（浅绿色）、20（绿色）、26（黑色）

辅助材料： 针、剪刀、气消笔、7cm正六面体海绵×4、水滴状铃铛×4、黏合剂

预计花费：15000韩元（约85.5元） ┃ 预计制作时间：6小时 ┃ 预计售价：50000韩元（约285元）

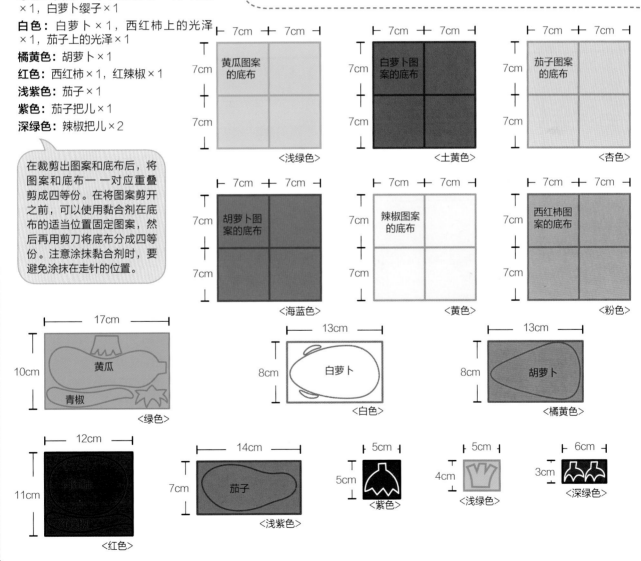

| 7cm | 7cm | | 7cm | 7cm | | 7cm | 7cm |

黄瓜图案的底布 〈浅绿色〉

白萝卜图案的底布 〈土黄色〉

茄子图案的底布 〈杏色〉

胡萝卜图案的底布 〈海蓝色〉

辣椒图案的底布 〈黄色〉

西红柿图案的底布 〈粉色〉

17cm / 10cm 黄瓜 青椒 〈绿色〉

13cm / 8cm 白萝卜 〈白色〉

13cm / 8cm 胡萝卜 〈橘黄色〉

12cm / 11cm 〈红色〉

14cm / 7cm 茄子 〈浅紫色〉

5cm / 5cm 〈紫色〉

5cm / 4cm 〈浅绿色〉

6cm / 3cm 〈深绿色〉

制作黄瓜图案拼图

直线缝

法式结

用直线缝将分成四等份的黄瓜缝在底布上（使用绿色双股线）。用黑色4股线法式结缝出黄瓜籽。注意底布边缘不缝。

制作胡萝卜图案拼图

轮廓针

直线缝

用直线缝将分成四等份的胡萝卜缝在底布上（分别使用橘黄色、浅绿色双股线）。再用红色4股线轮廓针缝制出胡萝卜上的花纹。

制作西红柿图案拼图

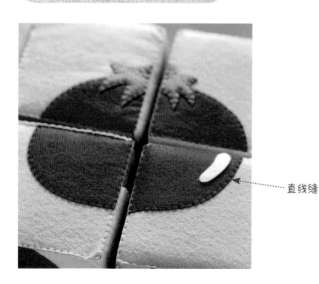

直线缝

用直线缝将分成四等份的西红柿缝在底布上（分别使用红色、绿色双股线），并用黏合剂将西红柿上的光泽贴在西红柿上。

制作辣椒图案拼图

直线缝

用直线缝将辣椒缝制在底布上（分别用红色、绿色双股线）。

制作白萝卜图案拼图

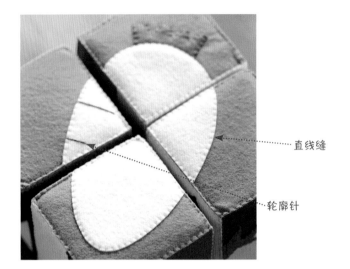

直线缝

轮廓针

用直线缝将分成四等份的白萝卜缝在底布上（分别用白色、绿色双股线）。再用绿色4股线轮廓针缝制出白萝卜上的花纹。

制作茄子图案拼图

直线缝

用直线缝将分成四等份的茄子缝在底布上（分别使用浅紫色、紫色双股线）。再用黏合剂将茄子的光泽贴在茄子上。

组装缝制

锁边缝

海绵

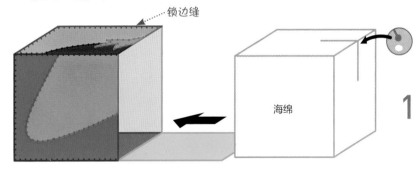

1 将每种蔬菜的一部分连接，缝制出正六面体（使用黄色双股线），再用剪刀在海绵上剪一刀，放入铃铛，最后将海绵放入缝好的正六面体中。

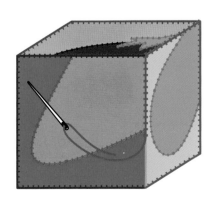

2 用锁边缝缝合最后一面，按照相同的方法将其余的3个正六面体制作完成。

水果数字骰子

23 让宝宝伸出小手去感受
动物骰子

制作水果数字骰子

适用年龄
2岁以上

裁剪毛毡布

橘黄色：橘子外表皮×1，橘瓣儿×6

黄色：香蕉×6，数字2×1

土黄色：梨×5

红色：西红柿×4，草莓×2

深粉色：桃子×3，数字3×1

绿色：草莓蒂×2，西红柿蒂×4

白色：橘子内表皮×1，数字4×1

浅绿色：桃叶×3

褐色：梨把儿×5

淡明蓝色：数字1×1，粘贴数字3的底布×1

蓝色：数字5×1

淡绿色：粘贴数字1的底布×1，数字6×1

印度粉：粘贴数字2的底布×1

淡黄色：粘贴数字4的底布×1

草绿色：粘贴数字5的底布×1

淡天蓝色：粘贴数字6的底布×1

准备材料

毛毡布：橘黄色、黄色、土黄色、红色、深粉色、绿色、白色、浅绿色、褐色、淡明蓝色、蓝色、淡绿色、印度粉、淡黄色、草绿色、淡天蓝色

线：1（白色）、6（黄色）、7（橘黄色）、11（玫粉色）、12（红色）、20（绿色）、22（褐色）、26（黑色）

辅助材料：针、剪刀、气消笔、15cm的正六面体硬海绵、黏合剂

预计花费：15000韩元（约85.5元） 预计制作时间：4小时 预计售价：40000韩元（约228元）

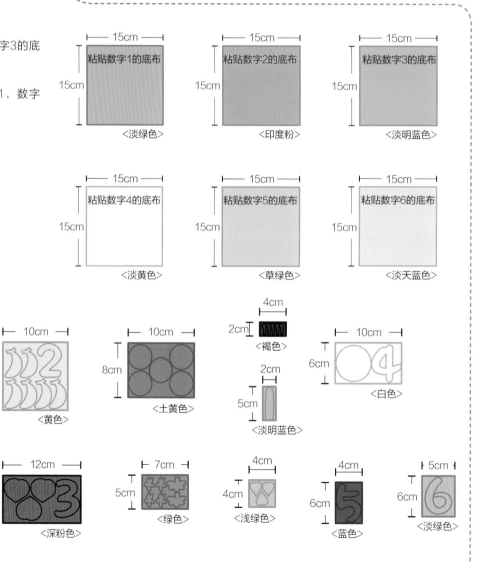

164

平针钩缝

直线缝 ……

平针

将草莓用直线缝缝在用于粘贴数字2的底布上（红色双股线），将草莓蒂叠放于草莓上，并用直线缝缝制（绿色双股线），再用黑色4股线、平针勾缝出草莓种子，最后用平针将数字2缝制在底布上。

平针缝

直线缝

将6片橘子瓣儿用直线缝缝在橘子内表皮上（橘黄色双股线），将缝有橘子瓣儿的橘子内表皮用直线缝缝在橘子外表皮上（白色双股线）。将缝制完成的橘子用直线缝缝在用于粘贴数字1的底布上（橘黄色双股线），最后用平针将数字1缝在底布上。

> 用平针缝制数字时，线的颜色与数字的颜色互补可以使作品更可爱、美观。

轮廓针

直线缝

平针

用直线缝将桃子缝制在用于粘贴数字3的底布上（玫粉色双股线）。将桃叶叠放于桃子上，并用直线缝缝制（绿色双股线），再用绿色双股线、轮廓针缝出桃子和桃叶上的花纹。最后用平针将数字3缝制在底布上。

直线缝 ……

平针

用直线缝将西红柿缝制在用于粘贴数字3的底布上（红色双股线）。将西红柿蒂叠放在西红柿上，并用直线缝缝制（绿色双股线）。最后用平针将数字4缝制在底布上。

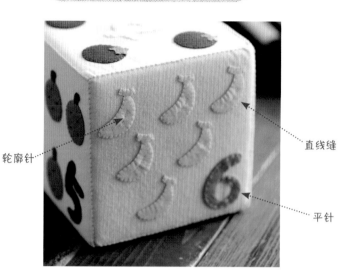

法式结

平针

直线缝

轮廓针

直线缝

平针

用直线缝将梨和梨把儿缝制在数字5的底布上
（褐色双股线）。用褐色4股线法式结缝制出梨
上的点。用平针将数字5缝在底布上。

用直线缝将香蕉缝在数字6的底布上（黄色双股
线），用轮廓针在香蕉中间绣出曲线（黄色双股
线），用平针将数字6缝在底布上。

组装缝制

1　如图所示摆放，相对应的数字之
和为7。

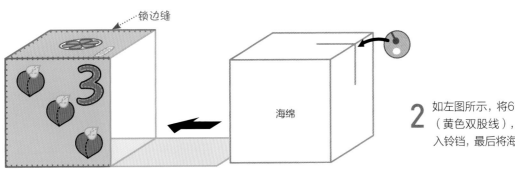

2 如左图所示，将6个面缝制为正六面体（黄色双股线），在海绵上剪1刀，放入铃铛，最后将海绵塞进正六面体中。

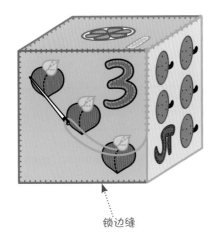

3 将最后一面锁边缝好，完成制作。

锁边缝

制作动物骰子

裁剪毛毡布

黄色： 青蛙图案的底布×1，老虎脸×1，老虎外耳×1，小鸭子翅膀×1

淡明蓝色： 小鸭子图案的底布×1

黄绿色： 乌龟图案的底布×1

白色： 老虎图案的底布×1，兔子脸×1，兔子外耳×2，羊身子×1，小羊脸×1，小羊耳朵×2，乌龟眼睛×2

淡绿色： 小羊图案的底布×1，青蛙脸上的荷叶×1

亮粉色： 兔子图案的底布×1

浅绿色： 青蛙脸×1

杏色： 乌龟脸×1，乌龟前脚×2，乌龟后脚×2，乌龟尾巴×1，羊脸×1，小羊腿×4

深褐色： 乌龟外壳×1，老虎内耳×2，老虎鼻子×1

深粉色： 兔子内耳×2，青蛙脸上的心×2

橘黄色： 鸭子嘴×1，鸭子腿×2

黑色： 青蛙眼珠×2，青蛙鼻孔×2，鸭子眼睛×1，乌龟眼睛×2，老虎眼睛×2，小羊眼睛×2，兔子眼睛×2

准备材料

毛毡布： 黄色、淡明蓝色、黄绿色、白色、淡绿色、亮粉色、浅绿色、杏色、深褐色、深粉色、橘黄色、黑色

线： 1（白色）、4（杏色）、6（黄色）、7（橘黄色）、12（红色）、16（海蓝色）、19（浅绿色）、23（深褐色）

辅助材料： 针、剪刀、气消笔、20cm的正六面体海绵、铃铛、热熔胶枪、镜面纸、黄色心形花纹毛巾布、皮革、魔术贴（刺毛）、羊毛纸、装饰绳、缎带、气泡膜

预计花费：28000韩元（约159.5元）　预计制作时间：5小时　预计售价：80000韩元（约456元）

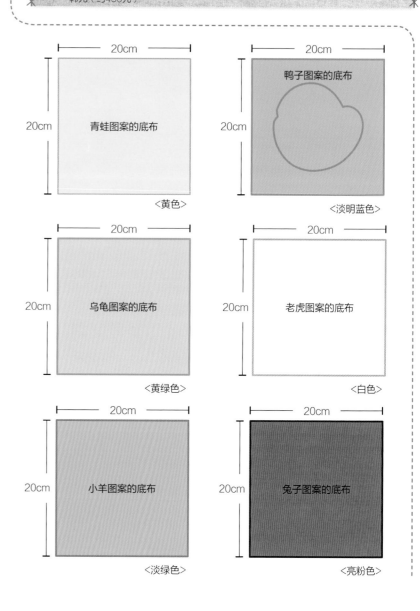

20cm ×20cm 青蛙图案的底布 ＜黄色＞	20cm ×20cm 鸭子图案的底布 ＜淡明蓝色＞
20cm ×20cm 乌龟图案的底布 ＜黄绿色＞	20cm ×20cm 老虎图案的底布 ＜白色＞
20cm ×20cm 小羊图案的底布 ＜淡绿色＞	20cm ×20cm 兔子图案的底布 ＜亮粉色＞

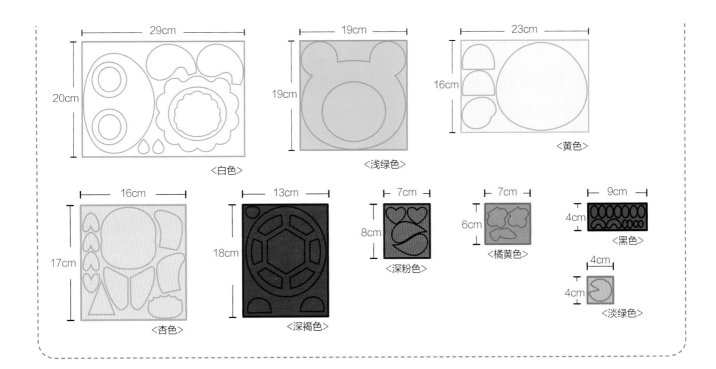

29cm

20cm

〈白色〉

19cm

19cm

〈浅绿色〉

23cm

16cm

〈黄色〉

16cm

17cm

〈杏色〉

13cm

18cm

〈深褐色〉

7cm

8cm

〈深粉色〉

7cm

6cm

〈橘黄色〉

9cm

4cm

〈黑色〉

4cm

4cm

〈淡绿色〉

制作底布上的小鸭子图案

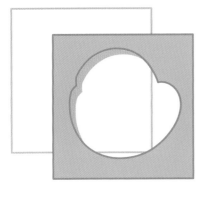

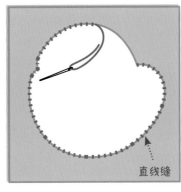

直线缝

1 在底布上剪出鸭子形状后，将底布叠放在黄色心形花纹毛巾布上，用直线缝沿着鸭子轮廓缝制（海蓝色双股线）。

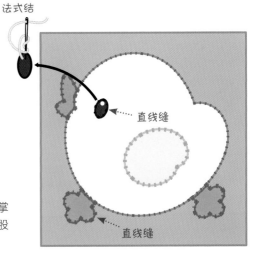

法式结

直线缝

直线缝

2 用直线缝将嘴、鸭掌、翅膀、眼睛缝在底布上（鸭嘴和鸭掌用橘黄色双股线，翅膀用黄色双股线，眼睛用深褐色双股线）。再用白色双股线、法式结绣出鸭子的眼珠。

制作底布上的镜面青蛙图案

（背面）

镜面纸

镜面纸比树脂镜子薄，可以随心所欲地剪出自己想要的图形，也可以使用涂布纸代替镜面纸。

1 裁剪镜面纸时，注意要使镜面纸比青蛙嘴的轮廓大一圈，在青蛙脸的背面沿青蛙嘴轮廓用热熔胶枪涂抹一圈，将镜面纸粘贴上去。

平针缝

2 用平针将青蛙的眼睛和心形缝在青蛙脸的正面（分别用深褐色、白色4股线）。再用热熔胶枪将眼珠、鼻孔、荷叶粘贴在青蛙脸上，在粘贴前需要将荷叶边缘用平针缝制1圈（使用浅绿色4股线）。沿着青蛙嘴的边缘用热熔胶枪粘1圈装饰绳。

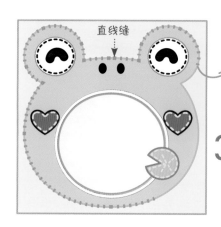

直线缝

3 将青蛙脸叠放在底布上，用浅绿色双股线，沿边缘直线缝缝制1圈。

制作底布上的乌龟图案

（背面）

皮革

1 将皮革裁剪得比龟壳小一圈，用热熔胶枪将皮革粘在龟壳背面，热熔胶枪使用位置要避开走针的位置。

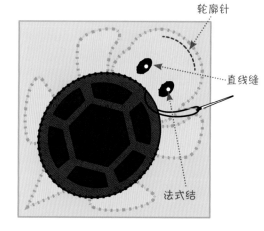

轮廓针

直线缝

法式结

2 如上图所示，用直线缝将乌龟的脸、乌龟脚、龟壳沿边缘缝制在底布上（龟壳用深褐色双股线，其余用杏色双股线）。再用深褐色双股线直线缝将眼睛缝在乌龟脸上，用白色双股线法式结在眼睛上缝出眼珠。最后用红色4股线轮廓针缝出乌龟嘴。

制作底布上的老虎图案

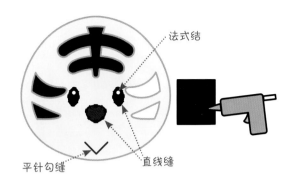

法式结

平针勾缝   直线缝

1 用直线缝将老虎眼睛、鼻子缝在老虎脸上（深褐色双股线），用红色4股线平针勾缝出老虎嘴巴，用白色双股线法式结缝出眼珠子。将刺毛魔术贴裁切得比老虎脸略大一圈。在老虎脸背面的镂空花纹周围使用热熔胶枪，将刺毛魔术贴粘贴上。将突出的刺毛剪掉。

直线缝

2 用直线缝将老虎的内耳缝在外耳上（深褐色双股线）。

直线缝

3 用黄色双股线直线缝，沿着老虎耳朵和老虎脸部边缘，将老虎缝在底布上。

制作底布上的小羊图案

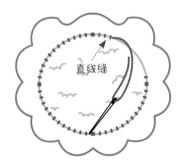

直线缝

1 将羊毛纸剪得稍微比小羊身体的内轮廓大一圈。将羊毛纸叠放在内轮廓后面，用直线缝沿内轮廓边缘缝制。

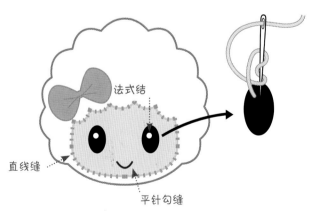

法式结

直线缝

平针勾缝

2 用直线缝将小羊脸缝在羊头上（使用杏色双股线）。用白色双股线法式结缝出羊的眼珠子。用红色四股线平针勾缝出羊嘴。最后用热熔胶枪将蝴蝶结粘在羊头上。

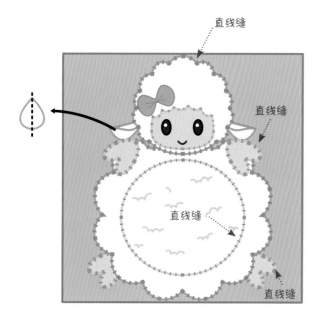

直线缝

直线缝

直线缝

直线缝

3 如图所示，用直线缝将小羊的身体、羊头、羊腿缝制在底布上（分别用白色和杏色双股线）。在用直线缝缝制羊头时，将羊耳朵对折，夹缝进去。

制作底布上的兔子图案

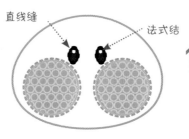

直线缝

法式结

1 将气泡膜裁剪得略比兔子脸大一些。将气泡膜叠放在兔子脸后面，用平针缝沿边缘缝制（白色4股线），即使气泡膜破裂也没有关系。用深褐色双股线、直线缝将兔子眼睛缝在兔子脸上。用白色双股线法式结缝出眼珠子。

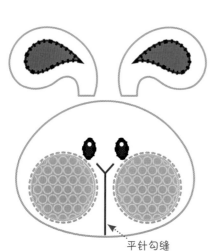

平针勾缝

2 用红色4股线、平针勾缝出兔子嘴和兔鼻子。用红色双股线直线缝将兔子内耳缝在外耳上。

直线缝

直线缝

3 将兔脸和兔耳叠放在底布上，用白色双股线、直线缝沿边缘缝制。

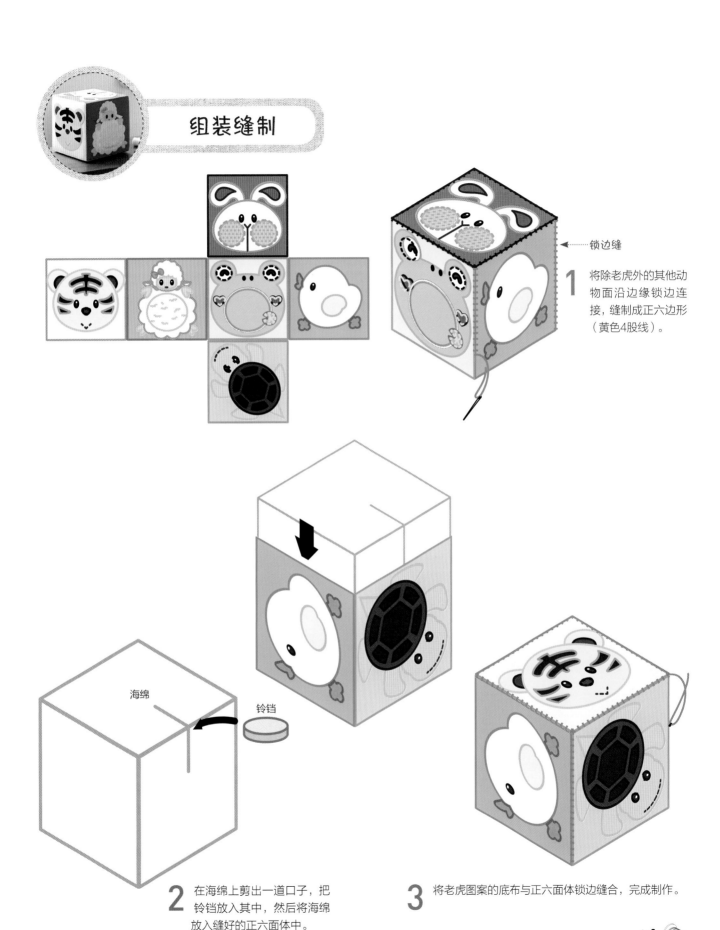

组装缝制

锁边缝 ←

1 将除老虎外的其他动物面沿边缘锁边连接，缝制成正六边形（黄色4股线）。

海绵

铃铛

2 在海绵上剪出一道口子，把铃铛放入其中，然后将海绵放入缝好的正六面体中。

3 将老虎图案的底布与正六面体锁边缝合，完成制作。

PART 6

培养想象力和创造性的创意玩具

制作钓鱼玩具

裁剪毛毡布

白色: 鱿鱼头×2,鱿鱼身体×2,鱿鱼爪×1,贝壳上的气泡×2,比目鱼眼睛×2,海马眼睛×1,安康鱼眼睛×1,安康鱼触须×1

绿色: 贝壳×2,带鱼背鳍×1,带鱼腹鳍×1,带鱼鱼竿的背鳍×1,带鱼鱼竿的腹鳍×1

深粉色: 安康鱼身体×2,带鱼鱼竿的背鳍×1,带鱼鱼竿的腹鳍×1

红色: 章鱼身体×4,章鱼脚×1,安康鱼鱼鳍×2,安康鱼尾鳍×2

浅绿色: 贝壳上的花纹×2

灰色: 带鱼身体×2,带鱼鱼竿的身体×2

深灰色: 带鱼鱼竿的身体×2

橘黄色: 小龙虾身体×2,小龙虾腿×2,小龙虾钳子×2,海马背鳍×2,章鱼嘴×1

黄色: 海马身体×2,螃蟹腿×2,螃蟹钳子×2,

浅黄色: 螃蟹身体×2

天蓝色: 海星×2,比目鱼鱼鳍×2

海蓝色: 比目鱼身体×2

褐色: 鳐鱼身体×2,鳐鱼尾巴×1

准备材料

毛毡布: 白色、绿色、深粉色、红色、浅绿色、灰色、深灰色、橘黄色、黄色、浅黄色、天蓝色、海蓝色、棕色

线: 1(白色)、5(浅黄色)、7(橘黄色)、10(深粉色)、12(红色)、15(天蓝色)、16(海蓝色)、17(蓝色)、19(浅绿色)、20(绿色)、22(褐色)、24(浅灰色)、25(深灰色)、26(黑色)

辅助材料: 针、剪刀、气消笔、黏合剂、热熔胶枪、磁铁、皮革、线绳、回形针、水滴状棉花、亮片、黑色珠子、装饰用珠子、棉花球

预计花费:22000韩元(约125.5元)   预计制作时间:8小时   预计售价:75000韩元(约427.5元)

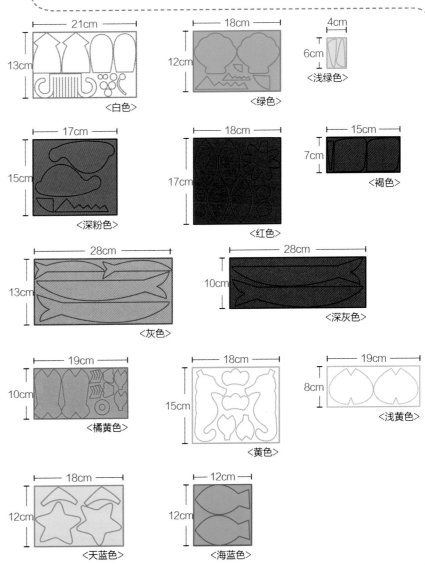

制作海星

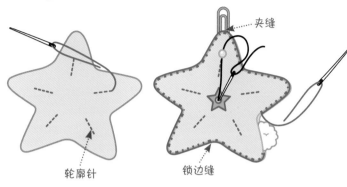

轮廓针
夹缝
锁边缝

1 在1张海星上用轮廓针绣出海星身上的花纹（蓝色4股线）。

2 将两张海星叠放在一起，沿边缘锁边（天蓝色双股线），在锁边的同时，将回形针夹缝进去，并填充棉花。最后在海星中间缝上亮片和装饰珠子。

制作贝壳

1 用直线缝将两个贝壳条纹缝在背壳上（使用浅绿色双股线）。然后缝上亮片和装饰珠子，最后用黏合剂将两个水滴粘在贝壳上。

2 将两张贝壳重叠，沿边缘进行锁边（使用绿色双股线）。在锁边的过程中，将回形针夹缝进去，并填充棉花。

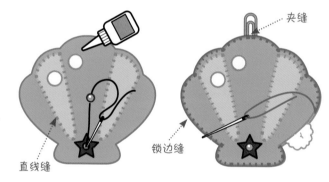

夹缝
直线缝
锁边缝

制作比目鱼

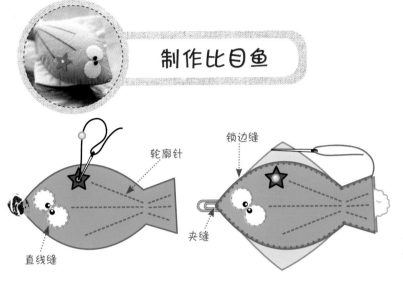

1 用直线缝将2个鱼眼睛缝在比目鱼身上（使用白色双股线），并在眼珠位置缝上2颗黑色珠子（使用黑色4股线），用轮廓针绣出比目鱼身上的条纹（使用蓝色4股线），再缝上亮片和装饰珠子。

2 将两张比目鱼身体重叠，并沿边缘进行锁边（使用海蓝色双股线），在锁边的同时将2个鱼鳍和回形针夹缝进去，填充棉花。

制作螃蟹

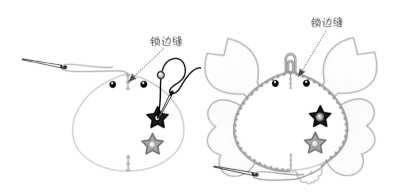

1 分别对2个螃蟹身体的上下顶点部分进行锁边（使用浅黄色双股线），再将黑色珠子缝在螃蟹眼睛的位置上（黑色4股线），最后缝上亮片和装饰珠子。

2 将2张螃蟹身体重叠，并沿边缘进行锁边（使用浅黄色双股线），在锁边的同时将螃蟹腿、螃蟹钳子和回形针夹缝进去，最后填充棉花，完成制作。

制作海马

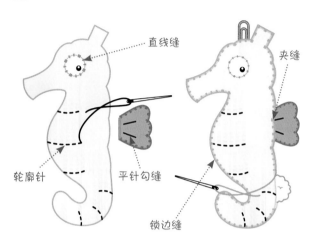

直线缝

夹缝

轮廓针

平针勾缝

锁边缝

1 将海马的眼睛用直线缝缝在海马身体上（使用白色双股线），并在眼珠子的位置缝上黑色珠子（黑色4股线），用轮廓针绣出海马身上的花纹（黑色4股线），用红色4股线、平针勾缝出海马的背鳍上花纹，并将两张背鳍重叠，用橘黄色4股线进行锁边。

2 将两张海马身体重叠，沿边缘进行锁边（橘黄色双股线）。在锁边的过程中，将海马的背鳍和回形针夹缝进去并填充棉花，完成制作。

制作章鱼

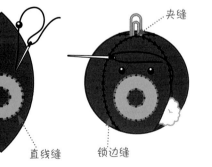

夹缝

直线缝

锁边缝

1 将章鱼嘴叠放在章鱼身体上，用直线缝缝制（橘黄色双股线），在章鱼眼睛的位置缝上珠子（黑色4股线）

2 将4个章鱼身体用锁边缝连接（红色双股线），在锁边的同时，将回形针夹缝进去，并填充棉花。

3 用热熔胶枪将章鱼脚贴于章鱼身体下方。

制作小龙虾

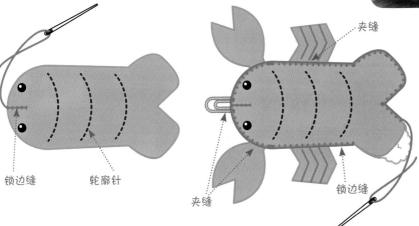

锁边缝　　　轮廓针

夹缝

夹缝

锁边缝

1 分别在2张小龙虾身体的顶端进行锁边（使用橘黄色双股线），将黑色珠子缝在小龙虾眼睛的位置（黑色4股线），用轮廓针绣出小龙虾身上的花纹（红色4股线）。

2 将2张小龙虾的身体重叠，沿边缘进行锁边（橘黄色双股线），在锁边的同时，将小龙虾的脚、钳子、回形针夹缝进去，最后填充棉花，完成制作。

制作鳐鱼

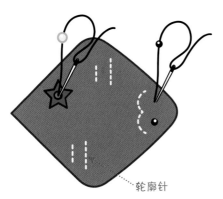

轮廓针

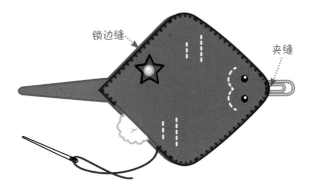

锁边缝

夹缝

1 将黑色珠子缝在鳐鱼眼睛的位置（使用黑色4股线），用轮廓针绣出鳐鱼身上的花纹（浅黄色4股线），再缝上亮片和装饰珠子。

2 将2张鳐鱼身体重叠，沿边缘进行锁边（褐色双股线），在锁边的过程中将鳐鱼的尾巴和回形针夹缝进去，最后填充棉花，完成制作。

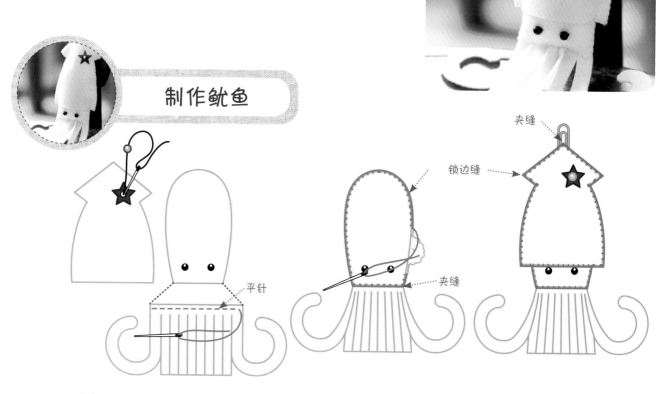

制作鱿鱼

1 将亮片和装饰珠子缝在鱿鱼的头上。

2 用平针缝制鱿鱼脚并将线拉紧，使鱿鱼脚上端的宽度与鱿鱼身体的宽度一致。再在鱿鱼身体上缝上眼睛（黑色4股线）。

3 将2张鱿鱼身体重叠，沿边缘进行锁边（白色双股线），在锁边的过程中将鱿鱼脚夹缝进去。

4 将鱿鱼身体放在2张鱿鱼头之间，沿着鱿鱼头边缘进行锁边（白色双股线），在锁边的过程中将回形针夹缝进去。

制作安康鱼

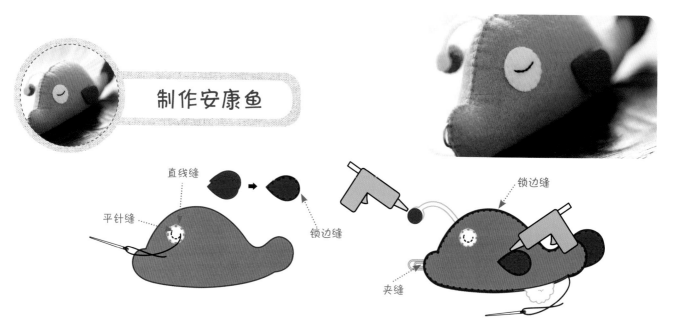

1 将眼睛用直线缝缝在安康鱼身体上（白色双股线）。用轮廓针绣出安康鱼眼睛（黑色4股线）。分别对安康鱼的胸鳍和尾鳍进行锁边（红色双股线）。

2 将2张鱼身重叠，沿边缘进行锁边（深粉色双股线），在锁边的同时将回形针、触须、尾鳍夹缝进去，最后用热熔胶枪将红色棉花球粘在触须上，并将胸鳍粘在鱼身上。

制作带鱼

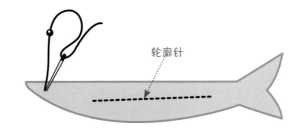

轮廓针

1 将珠子缝在眼睛位置上，用轮廓针绣出带鱼身上的条纹（黑色4股线）。

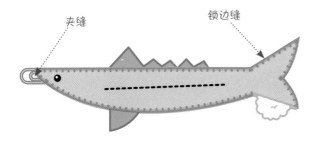

夹缝

锁边缝

2 将两张带鱼身子重叠，沿边缘进行锁边（浅灰色双股线），在锁边的过程中，将带鱼的腹鳍、回形针、背鳍夹缝进去并填充棉花，完成制作。

制作带鱼鱼竿

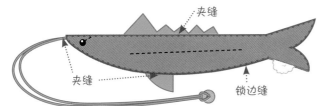

夹缝

夹缝

锁边缝

制作方法与制作带鱼方法相同，只是在夹缝时用带有磁铁的皮绳代替回形针，完成带鱼鱼竿的制作。

打开就能看见一片海洋的
海底世界包

25

制作海底世界包

视频 3-02 拉链的缝合

裁剪毛毡布

海蓝色: 包的底布×2, 包的手提带×4

天蓝色: 云朵×2, 英文字母 (fishing)×1, 气泡×12

绿色: 水草×7

浅绿色: 水草×6

黄绿色: 水草×4

深粉色: 海星×8

灰中白色: 石头×8

灰色: 石头×6

白色: 包上的花纹×1

准备材料

毛毡布: 海蓝色、天蓝色、绿色、浅绿色、黄绿色、深粉色、灰中白色、灰色

线: 1(白色)、10(深粉色)、12(红色)、15(天蓝色)、17(蓝色)、18(深蓝色)、19(浅绿色)、20(绿色)、26(黑色)

辅助材料: 针、剪刀、气消笔、热熔胶枪、彩色扣子、黑色珠子、拉链、珠链、水滴状棉花、悬挂用缎带

预计花费: 22000韩元 (约125.5元)　　预计制作时间: 5小时
预计售价: 60000韩元 (约342元)

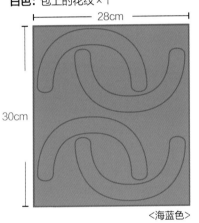

28cm

30cm

〈海蓝色〉

88cm

62cm

〈海蓝色〉

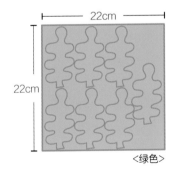

22cm

22cm

〈绿色〉

10cm

15cm

〈亮浅绿色〉

15cm

15cm

〈浅绿色〉

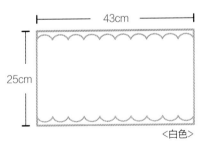

43cm

25cm

〈白色〉

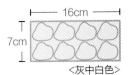

16cm

7cm

〈灰中白色〉

9cm

5cm

〈灰色〉

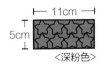

11cm

5cm

〈深粉色〉

25cm

12cm

fish9in

〈天蓝色〉

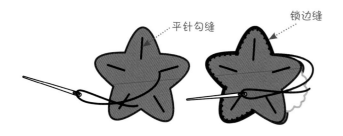

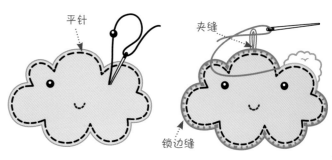

1 在海星上用平针勾缝出海星身上的花纹（黑色4股线），将两张海星重叠，沿边缘进行锁边（深粉色双股线）。按照相同的方法制作其余的海星。

2 用平针沿着一片云朵的边缘缝制一圈，在眼睛的位置缝上黑色珠子（黑色4股线），将两张云朵重叠，并沿着云朵边缘进行锁边（天蓝色双股线），在锁边的过程中，将悬挂用的缎带夹缝进去，填充棉花，完成制作。

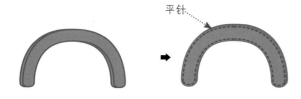

3 将两条包的手提带重叠，用平针沿边缘进行缝制（蓝色4股线）。按照相同的方法完成另一根手提带的制作。

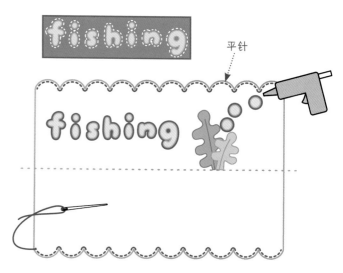

4 将英文字母"fishing"用热熔胶枪贴在深蓝色的碎布片上，沿字母边缘2mm左右裁剪字母，再将字母、水草、气泡用热熔胶枪粘在包上，最后用平针缝在白色波浪边缘缝制出花纹（使用蓝色双股线）。

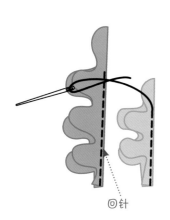

5 将所有的水草对折，在水草的中间部位用回针缝制出直线（线的颜色与毛毡布的颜色相近即可）。

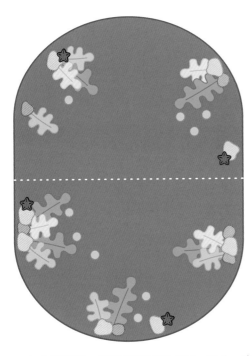

回针

fishing

6 如上图所示，用热熔胶枪将水草、石头、海星、气泡按顺序贴于底布上。粘贴气泡前用平针将气泡边缘缝制一圈（蓝色4股线）。

7 将拉链夹在两张底布之间，用回针沿着底布边缘缝制（使用深蓝色4股线），在缝制的过程中可以使用大头针固定底布。

8 将包的手提带穿上纽扣缝在包上（深蓝色8股线），在珠链上穿好云朵，挂在包的手提带上，完成制作。

小贴士

① 在沿着包的底布边缘缝制包身时，可以用回针先缝好一半，然后在缝制另一半时，将包身对折，可以更方便地缝制。

② 用回针缝上拉链后，将拉链的头尾两端多逢几针，将其固定得更结实。

③ 制作完成后包的中间会自然凸起，注意不要在底布间涂抹黏合剂。

④ 用5~6个字母扣代替拉链，可以制作成可拆卸垂钓包。

制作美味曲奇

裁剪毛毡布

浅褐色： 心形曲奇×4，贝壳曲奇×2，华夫饼曲奇×2，圆形曲奇×2，糖霜曲奇×2，四角形曲奇×2，四角形曲奇上的方块×2，圆形曲奇的侧面×1，糖霜曲奇的侧面×1，四角形曲奇的侧面×1

深褐色： 贝壳曲奇×2，糖霜曲奇×2，圆形曲奇上的扇形×2，四角形曲奇上的方块×2，心形曲奇上的装饰×1，糖霜曲奇侧面×1

粉色： 心形曲奇上的装饰×1，四角形曲奇×2，四角形曲奇的侧面×1

准备材料

毛毡布： 浅褐色、深褐色、粉色
线： 9（粉色）、21（浅褐色）、23（深褐色）
辅助材料： 针、剪刀、气消笔、水滴状棉花、米粒儿形珠子

预计花费：9000韩元（约51.5元）　预计制作时间：4小时　预计售价：25000韩元（约142.5元）

为防止缝制时曲奇的侧面长度不够，在裁剪曲奇的侧面布料时，最好剪得比图案长一些，在缝制的过程中，可以将多余的部分剪掉。

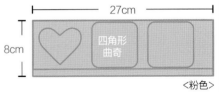

31cm

心形曲奇

贝壳曲奇

华夫饼曲奇

34cm

圆形曲奇

四角形曲奇

糖霜曲奇

<浅褐色>

23cm

贝壳曲奇

16cm

糖霜曲奇

<深褐色>

27cm

四角形曲奇

8cm

<粉色>

制作四角形曲奇

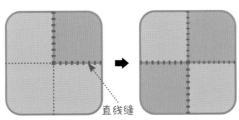

直线缝

1 如图所示，用直线缝在四角形曲奇上缝上两块浅褐色方块（浅褐色双股线）。

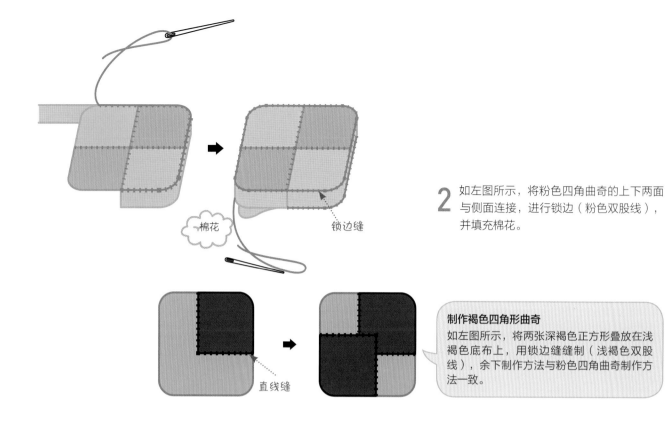

2 如左图所示，将粉色四角曲奇的上下两面与侧面连接，进行锁边（粉色双股线），并填充棉花。

棉花

锁边缝

直线缝

制作褐色四角形曲奇
如左图所示，将两张深褐色正方形叠放在浅褐色底布上，用锁边缝缝制（浅褐色双股线），余下制作方法与粉色四角曲奇制作方法一致。

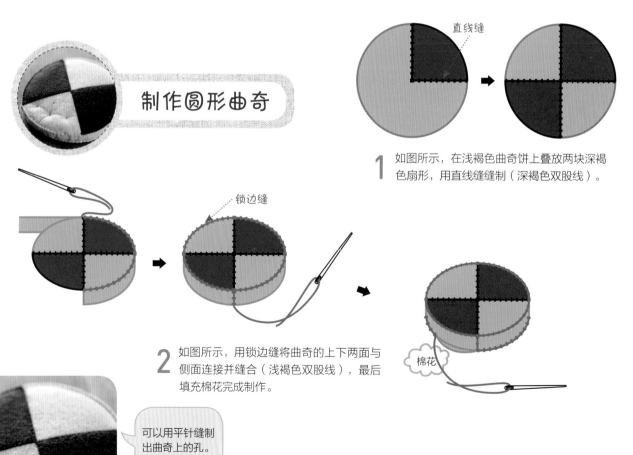

制作圆形曲奇

直线缝

1 如图所示，在浅褐色曲奇饼上叠放两块深褐色扇形，用直线缝缝制（深褐色双股线）。

锁边缝

2 如图所示，用锁边缝将曲奇的上下两面与侧面连接并缝合（浅褐色双股线），最后填充棉花完成制作。

棉花

可以用平针缝制出曲奇上的孔。

制作扇形曲奇

用气消笔在浅褐色贝壳曲奇上画出线条，然后用轮廓针绣出图案（深褐色双股线），再将两张浅褐色贝壳曲奇重叠，沿边缘进行锁边（浅褐色双股线），填充棉花，完成制作。

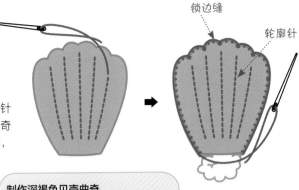

锁边缝

轮廓针

制作深褐色贝壳曲奇
用深褐色贝壳曲奇底布制作出深褐色的贝壳曲奇（用轮廓针时使用浅褐色双股线，用锁边缝时使用深褐色双股线），制作方法与浅褐色贝壳曲奇的制作方法一致。

制作糖霜曲奇

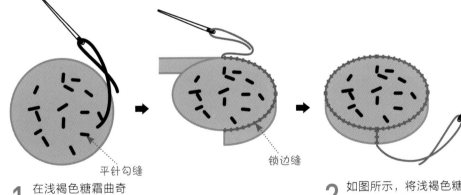

平针勾缝

锁边缝

棉花

1 在浅褐色糖霜曲奇上用平针勾缝出糖霜（深褐色8股线）。

2 如图所示，将浅褐色糖霜曲奇的上下两面与侧面用锁边缝连接（浅褐色双股线），填充棉花，完成制作。

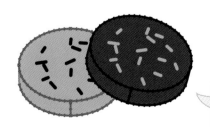

制作深褐色糖霜曲奇
与浅褐色糖霜曲奇制作方法一致，只是在平针勾缝时使用浅褐色8股线。

制作心形曲奇

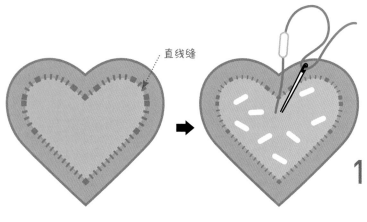

直线缝

1 将粉色的心形曲奇装饰叠放在心形曲奇底布上,用直线缝进行缝制,然后再缝上米粒形珠子(粉色双股线)。

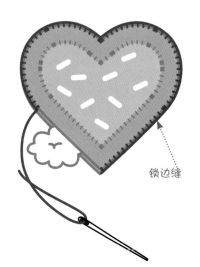

锁边缝

2 将两张心形曲奇重叠,沿边缘进行锁边(浅褐色双股线),填充棉花,完成制作。

制作深褐色装饰的心形曲奇
制作方法与粉色装饰的心形曲奇的制作方法一致,只是在用直线缝时,需要使用深褐色双股线,并且还需将粉色心形换成深褐色心形。

制作华夫曲奇

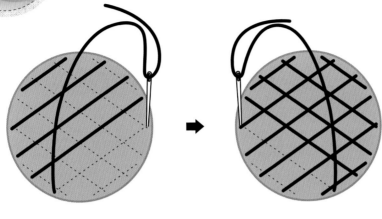

1 用气消笔在华夫曲奇底布画出网状条纹。再用平针勾缝出网状花纹（深褐色8股线）。

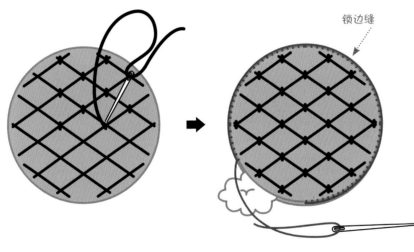

锁边缝

2 在线与线交叉的位置缝上1针用于固定（深褐色4股线），将两张华夫曲奇底布重叠，沿边缘进行锁边（浅褐色双股线），填充棉花，完成制作。

让宝宝沉浸其中的

布艺娃娃

制作布艺娃娃

裁剪毛毡布

杏色：娃娃×2

褐色：刘海×1，耳朵下方的头发×2，娃娃头后面的头发×1

淡明蓝色：天蓝色连衣裙×2，运动鞋×4

深粉色：上衣×2，皮鞋×4，帽子×2，心形的包×2，粉色连衣裙的腰带×1，粉色连衣裙的蝴蝶结×1，黄色连衣裙的腰带×1，黄色连衣裙的袖口装饰×4

浅粉色：粉色连衣裙×2

浅绿色：四角形包×2

蓝色：裙子×2

紫色：裤子×2

黄色：黄色连衣裙×2，画家帽×2，画家帽的毛球×2，画家帽的帽檐×1，心形包上的黄心×1，运动鞋的鞋带×4，皮鞋的蝴蝶结×2

白色：体恤衫×2，天蓝色连衣裙袖口的装饰×2，天蓝色连衣裙裙摆的装饰×1，黄色连衣裙的圆点装饰×8

绿色：草莓蒂×1

红色：草莓×1

黑色：娃娃的眼睛×2

准备材料

毛毡布：杏色、褐色、淡明蓝色、深粉色、浅粉色、浅绿色、蓝色、紫色、黄色、白色、绿色、红色、黑色

线：1（白色）、4（杏色）、6（黄色）、9（粉色）、10（深粉色）、12（红色）、14（紫色）、16（海蓝色）、17（蓝色）、19（浅绿色）、20（绿色）、23（深褐色）

辅助材料：针、剪刀、气消笔、布艺棉、绒布、圆形魔术贴（刺毛、圆毛）、装饰绳、花形亮片、黑色珠子、珍珠、珍珠链、棉绳

预计花费：18000韩元（约102.5元）　预计制作时间：5小时　预计售价：45000韩元（约256.5元）

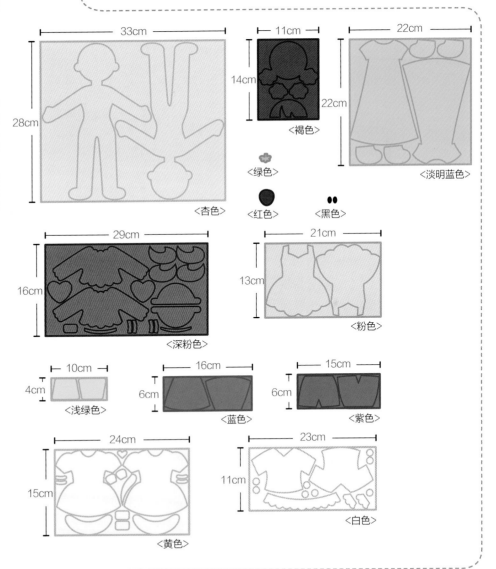

33cm
28cm
〈杏色〉

11cm
14cm
〈褐色〉

22cm
22cm
〈淡明蓝色〉

〈绿色〉

〈红色〉

〈黑色〉

29cm
16cm
〈深粉色〉

21cm
13cm
〈粉色〉

10cm
4cm
〈浅绿色〉

16cm
6cm
〈蓝色〉

15cm
6cm
〈紫色〉

24cm
15cm
〈黄色〉

23cm
11cm
〈白色〉

制作娃娃

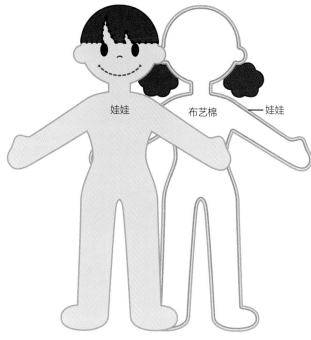

3 将布艺棉裁剪得比娃娃窄2mm左右，并夹在两张娃娃中间，用直线缝锁边（娃娃身体用杏色双股线，头发用深褐色双股线）。

1 用直线缝将刘海缝在娃娃头上（深褐色双股线），用轮廓针缝出娃娃的鼻子和嘴（分别使用深褐色、红色双股线），再用黏合剂将眼睛粘在娃娃脸上。

2 如图所示，用直线缝将娃娃的头发缝在娃娃背面布片的娃娃头上（深褐色双股线）。

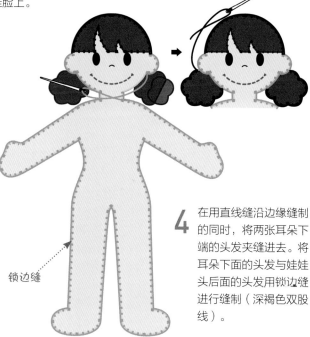

4 在用直线缝沿边缘缝制的同时，将两张耳朵下端的头发夹缝进去。将耳朵下面的头发与娃娃头后面的头发用锁边缝进行缝制（深褐色双股线）。

纸样中没有娃娃的内衣图案，所以可将绒布叠放在娃娃身上，裁剪出内衣形状。

5 用绒布剪出娃娃内衣的模样。用热熔胶枪将内衣粘贴在娃娃身上，并将圆形圆毛魔术贴粘在娃娃脚上。

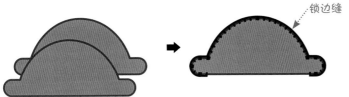

锁边缝

1 将两张帽子重叠，沿着边缘进行锁边，注意娃娃头戴进帽子的部分不锁边（深粉色双股线）。

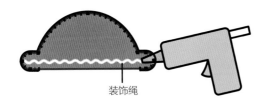

装饰绳

2 如图所示，用热熔胶枪将装饰绳粘在帽子上。

制作上衣

1 将两张上衣重叠，沿边缘进行锁边（深粉色双股线）。

圆形刺毛魔术贴

（背面）

2 用热熔胶枪将圆形刺毛魔术贴粘于上衣背面。

制作裙子

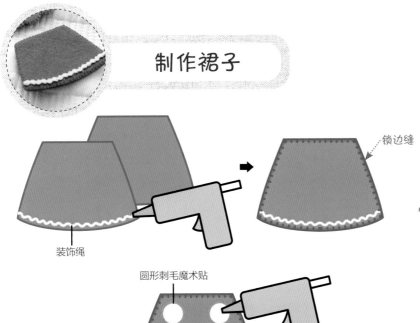

锁边缝

装饰绳

圆形刺毛魔术贴

（背面）

1 用热熔胶枪将装饰绳粘在裙子上，将两张裙子重叠，沿边缘进行锁边（蓝色双股线）。

2 用热熔胶枪将圆形刺毛魔术贴粘在裙子背面。

制作心形包

平针缝

夹缝

锁边缝

1 用平针在一张心形包布片上缝制一圈（黄色双股线），用热熔胶枪将黄色心形粘在布片上面。

2 将两张心形包布片重叠，沿边缘进行锁边。在锁边的同时，将棉绳夹缝进去（深粉色双股线）。

制作四角形包

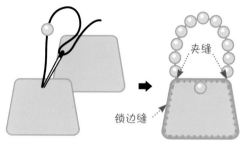

夹缝

锁边缝

1 将1颗珍珠缝在四角形包上（白色4股线）。

2 将两张四角形包重叠，沿边缘进行锁边。在锁边的同时，将珍珠链夹缝进去（浅绿色双股线）。

制作天蓝色连衣裙

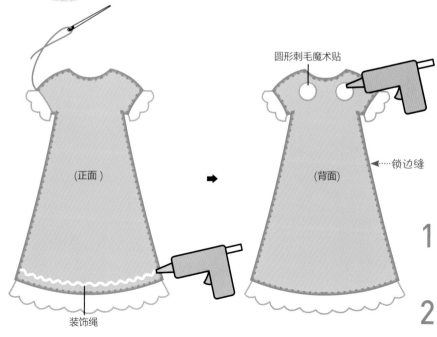

圆形刺毛魔术贴

锁边缝

（正面）

（背面）

装饰绳

1 将两张天蓝色连衣裙重叠，沿边缘进行锁边。在锁边的同时，将袖口装饰和裙摆装饰夹缝进去（海蓝色双股线），再用热熔胶枪将装饰绳贴在裙摆下端。

2 用热熔胶枪将圆形刺毛魔术贴粘在天蓝色连衣裙的背面。

制作粉色连衣裙

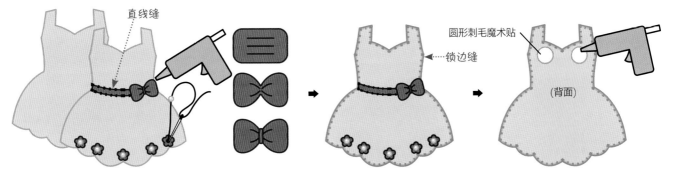

直线缝

圆形刺毛魔术贴

锁边缝

(背面)

1 用直线缝将深粉色腰带缝在粉色连衣裙上（深粉色双股线）。如图所示，用线缠绕在缎带中间制成蝴蝶结，然后用热熔胶枪将蝴蝶结粘在腰带上。最后在裙摆下端缝上花形亮片和珠子（粉色双股线）。

2 将两张粉色连衣裙叠放在一起，沿边缘进行锁边（粉色双股线）。

3 用热熔胶枪将圆形刺毛魔术贴粘在粉色连衣裙背面。

制作黄色连衣裙

锁边缝

圆形刺毛魔术贴

直线缝

(背面)

1 用直线缝将连衣裙的袖口装饰、腰带、圆点装饰缝制在黄色连衣裙上（分别使用深粉色、白色双股线）。再将另外两个袖口装饰用直线缝缝制在另一片连衣裙上。

2 将两张黄色连衣裙重叠，沿边缘进行锁边（连衣裙用黄色双股线，袖口用深粉色双股线）。

3 用热熔胶枪将圆形刺毛魔术贴贴在黄色连衣裙背面。

 **制作T恤衫**

直线缝

1 用直线缝将草莓和草莓蒂缝在T恤衫上（分别用红色双股线和绿色双股线）。

锁边缝

2 将两张T恤衫重叠，沿边缘进行锁边（白色双股线）。

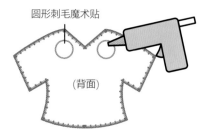

圆形刺毛魔术贴

（背面）

3 用热熔胶枪将圆形刺毛魔术贴粘在体恤衫背面。

 **制作裤子**

锁边缝

圆形刺毛魔术贴

（背面）

平针缝

1 如图所示，用平针缝在一张裤子上缝制出花纹（紫色双股线），然后将两张裤子重叠，沿边缘进行锁边（紫色双股线）。

2 用热熔胶枪将圆形刺毛魔术贴粘在裤子背面。

制作画家帽子

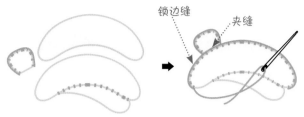

锁边缝　　夹缝

1 将两张帽子重叠，沿边缘进行锁边（黄色双股线），再将2个帽子上的毛球叠放在一起，用直线缝缝制（黄色双股线）。

2 将两张帽子重叠，沿边缘进行锁边。在锁边的同时，将帽子上的毛球夹缝进去（黄色双股线），注意娃娃头戴进的部分不进行缝制。

制作运动鞋

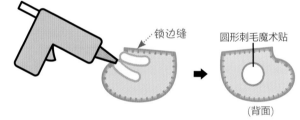

锁边缝　　　　　圆形刺毛魔术贴

（背面）

将两张运动鞋布片重叠，沿边缘进行锁边（天蓝色双股线），然后用热熔胶枪将黄色鞋带粘于鞋面上。再将圆形刺毛魔术贴粘在鞋的背面。按照相同的方法制作另一只运动鞋。

制作皮鞋

锁边缝　　　　　　　圆形刺毛魔术贴

（背面）

将两张皮鞋重叠，沿边缘进行锁边（深粉色双股线），用热熔胶枪胶将黄色蝴蝶结粘在鞋面上，将圆形刺毛魔术贴粘在皮鞋的背面。按照相同的方法完成另一只鞋的制作。

28

魔镜魔镜，世界上谁最美丽？

公主木梳&镜子

制作公主木梳&镜子

✂ 裁剪毛毡布

深粉色： 镜子背面×2，镜子正面×1
紫色： 木梳×3
白色： 蝴蝶结×4

准备材料

毛毡布： 深粉色、紫色、白色
线： 1（白色）、11（玫粉色）、14（紫色）、26（黑色）
辅助材料： 针、剪刀、气消笔、热熔胶枪、树脂镜子

预计花费：7000韩元（约40元） 预计制作时间：1小时 预计售价：15000韩元（约85.5元）

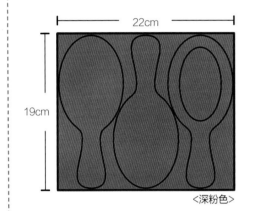

22cm

19cm

〈深粉色〉

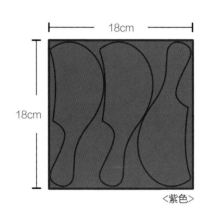

18cm

18cm

〈紫色〉

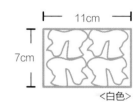

11cm

7cm

〈白色〉

制作木梳

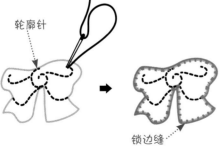

轮廓针

锁边缝

1 如图所示，用轮廓针绣出一个蝴蝶结上的花纹（黑色4股线）。将两个蝴蝶结重叠，沿边缘进行锁边（白色双股线）。

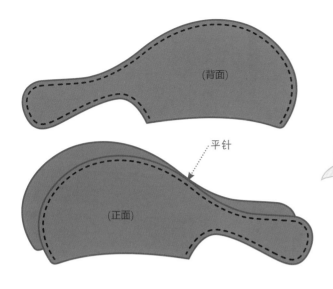

平针

(背面)

(正面)

将3个木梳叠放在一起。在锁边缝制之前，最好先用黏合剂固定好。

2 如图所示，将木梳的正面和背面用平针沿边缘缝制（黑色双股线）。在木梳前后两面之间夹入第三张后，沿木梳边缘锁边（紫色双股线）。

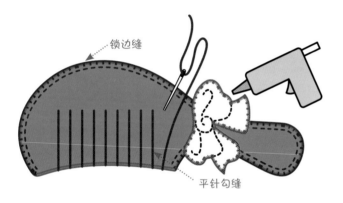

锁边缝

平针勾缝

3 用平针勾缝出木梳的木梳齿（黑色8股线），再用热熔胶枪将蝴蝶结粘在木梳上。

制作镜子

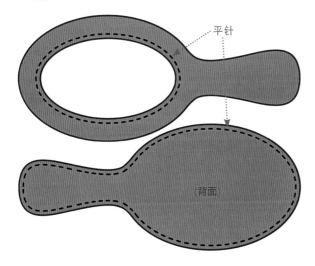

平针

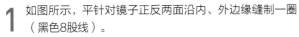

（背面）

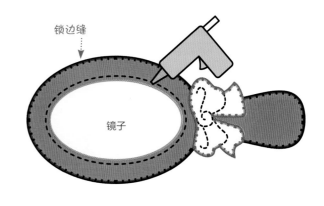

锁边缝

镜子

1 如图所示，平针对镜子正反两面沿内、外边缘缝制一圈（黑色8股线）。

2 在镜子正面和背面之间再放入1张镜子背面，沿镜子套边缘锁边（玫粉色双股线），缝制出与木梳上一样的蝴蝶结，用热熔胶枪将蝴蝶结粘在镜子上。将树脂镜子粘在镜子套里。

29

让宝宝变得越来越美丽的

化妆品玩具

制作化妆品玩具

适用年龄
5岁以上

✂ 裁剪毛毡布

粉色： 眼影盒内表面×2，粉底盒内表面×2，口红×2，粉扑带×1

深粉色： 眼影盒外表面×1，粉底盒外表面×1，眼影盒中的长方形×1，眼影盒中的方块×1，腮红盒外表面×2，腮红盒内表面×2，口红×2，口红管×2，指甲油刷×3，指甲油瓶子×2

白色： 粉扑×2，口红盖×4，眼影盒中的方块×1，眼影刷的刷柄×3，腮红盒的内表面×1，腮红刷×2，指甲油的刷柄×4

紫色： 眼影盒的外表面×1，粉底盒的外表面×1，眼影盒里的小方块×1，腮红刷的刷柄×2，指甲油刷×3，指甲油瓶×2，口红管×2

天蓝色： 粉底盒的镜子背面×1，眼影盒中的镜子×1

杏色： 粉饼×1

浅粉色： 眼影刷的刷头×3

准备材料

毛毡布： 粉色、深粉色、白色、紫色、天蓝色、杏色、浅粉色

线： 1（白色）、9（粉色）、10（深粉色）、14（紫色）、26（黑色）

辅助材料： 针、剪刀、气消笔、棉花、魔术贴（圆毛&刺毛）、镜面纸、热熔胶枪

预计花费：12000韩元（约68.5元） 预计制作时间：4小时 预计售价：30000韩元（约171元）

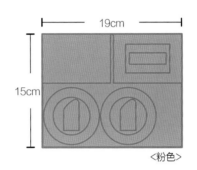

〈粉色〉 19cm × 15cm

〈深粉色〉 23cm × 18cm

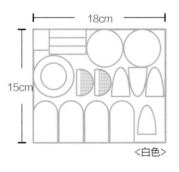

〈白色〉 18cm × 15cm

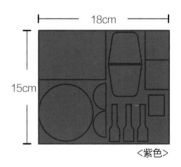

〈紫色〉 18cm × 15cm

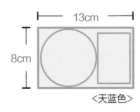

〈天蓝色〉 13cm × 8cm

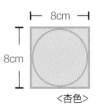

〈杏色〉 8cm × 8cm

〈浅粉色〉 6cm × 3cm

制作眼影盒

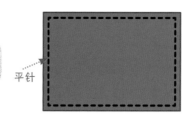
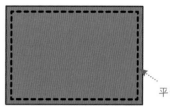

平针

平针

1 分别将两张外表面沿边缘进行平针缝制（黑色4股线）。

平针

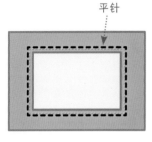
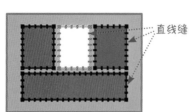

直线缝

2 如图所示，将天蓝色镜面叠放在粉色内表面之下，沿着内轮廓边缘进行平针缝制（黑色四股线）。

3 用直线缝将长方形和3个方块缝在另一个内表面上（分别用白色、深粉色、紫色双股线）。

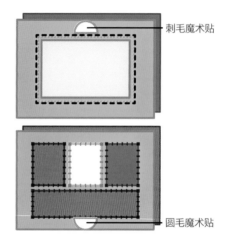

刺毛魔术贴

圆毛魔术贴

4 如图所示，分别在两张内表面上粘贴魔术贴，然后将上下内外表面分别重叠，沿边缘进行锁边（深粉色双股线）。

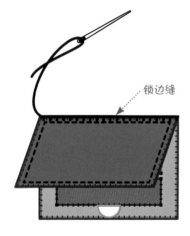

锁边缝

5 为了使眼影盒可以上下开合，只对一边进行锁边（深粉色双股线）。

锁边缝

6 将3个眼影刷的刷头叠放在一起沿边缘进行锁边（粉色双股线），再将3个眼影刷刷柄重叠，沿边缘进行锁边。在锁边的过程中，将眼影刷刷头叠放进去（白色双股线）。

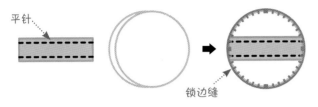

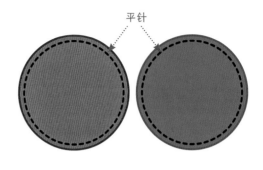

1 如图所示，对粉扑上的带子进行平针缝制（黑色4股线），再将粉扑的带子与两张粉扑叠放在一起，沿边缘进行锁边（白色双股线）。

2 分别用平针沿着两个外表面边缘缝制一圈（黑色4股线）。

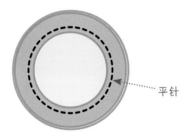

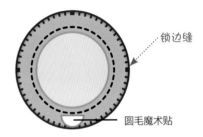

3 如图所示，将作为镜子背面的天蓝色毛毡布叠放在内表面之下，用平针沿着内轮廓边缘缝制一圈。

4 如图所示，将另一个内表面叠放在粉饼上，沿着内轮廓边缘用平针缝制一圈（黑色4股线），再将外表面与缝好的内表面重叠，沿边缘进行锁边（深粉色双股线），最后将圆毛魔术贴粘在内表面下方。

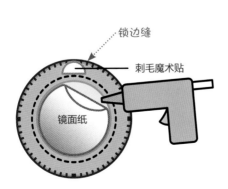

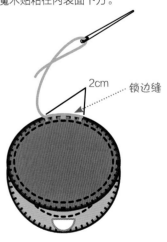

5 将带有镜子的内表面与外表面重叠，并沿边缘进行锁边（深粉色双股线，用热熔胶枪将裁剪好的镜面纸贴在中间，再将刺毛魔术贴贴在粉饼盒内表面上方。

6 为使作品可以上下开合，对粉底盒进行2cm左右的锁边缝（粉色4股线）。

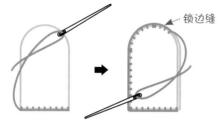

制作口红

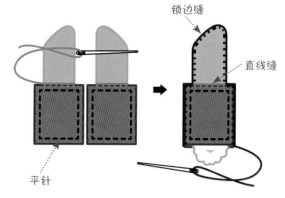

1 分别对两张口红管的底边进行单独锁边，然后将两张口红盖重叠，对口红盖除底边外的其他边进行锁边（白色双股线）。

2 如图所示，分别用平针沿着2个口红管边缘缝制一圈（黑色6股线），分别将口红叠放在口红管上，在连接处进行直线缝（粉色双股线）。再将2个缝制好的口红布片重叠，沿边缘进行锁边（粉色双股线），在锁边的过程中填充棉花，完成制作。

可以用深粉色口红、紫色口红管、白色口红盖缝制出其他颜色的口红。

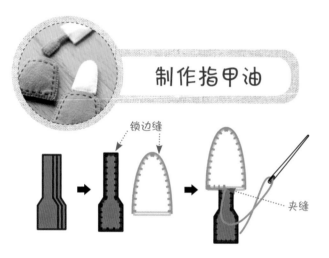

制作指甲油

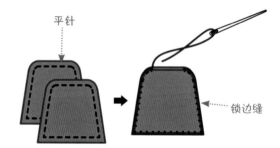

1 将3个指甲油刷重叠，沿边缘进行锁边（深粉色4股线），再将两个瓶盖重叠，沿边缘进行锁边。在锁边的同时，将指甲油刷缝进去（白色双股线）。

2 用平针分别对两个指甲瓶边缘进行缝制（黑色4股线），将两个瓶身重叠在一起，留出放刷子的开口，其余部分沿边缘进行锁边（深粉色双股线）。

还可以用紫色指甲油刷、白色指甲油瓶盖、紫色指甲油瓶制作其他颜色的指甲油。

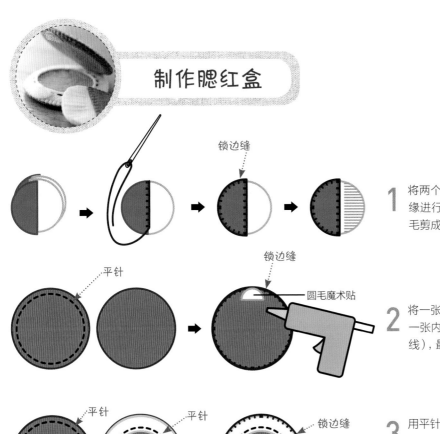

制作腮红盒

1 将两个白色刷子夹进两个紫色刷柄中,沿着刷柄边缘进行锁边(紫色双股线),然后用剪刀将白色刷毛剪成条状。

锁边缝

平针 锁边缝 圆毛魔术贴

2 将一张外表面用平针缝制一圈(黑色4股线),再将一张内表面与其重叠,沿边缘进行锁边(深粉色4股线),最后用热熔胶枪将圆毛魔术贴粘在内表面上方。

平针 平针 锁边缝 圆毛魔术贴

3 用平针沿着另外一个外表面的边缘缝制一圈(黑色4股线),然后将深粉色与白色内表面重叠,沿着内轮廓进行平针缝制(黑色4股线),将内外表面重叠,沿边缘进行锁边(深粉色4股线),最后用热熔胶枪将圆毛魔术贴粘在内表面下方。

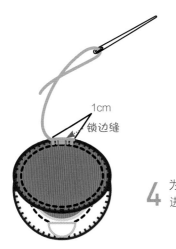

1cm 锁边缝

4 为使腮红盒可以上下打开,需对腮红盒进行1cm左右的锁边(粉色4股线)。

30

我是大厨!
平底锅玩具

制作平底锅玩具

裁剪毛毡布

红色： 平底锅底布×3，平底锅侧面×2，平底锅把手×1，平底锅把手上的圆形×1

蓝色： 平底锅把手×1，平底锅把手上的圆形×1，锅铲把儿×2

黄色： 煎蛋的蛋黄×1，装饰平底锅的星星×6

褐色： 牛排×2，牛排侧面×1

浅褐色： 牛排上的花纹×1

白色： 煎蛋的蛋清×1，煎蛋蛋黄上的光泽×1，鱼头×2

象牙色： 锅铲×2

海蓝色： 鱼身体×2

准备材料

毛毡布： 红色、蓝色、黄色、褐色、浅褐色、白色、象牙色、海蓝色

线： 1（白色）、6（黄色）、12（红色）、17（蓝色）、16（海蓝色）、21（浅褐色）、22（褐色）、26（黑色）

辅助材料： 针、剪刀、气消笔、水滴状棉花、布艺棉、黏合剂、热熔胶枪

预计花费：9500韩元（约54元）　预计制作时间：4小时　预计售价：35000韩元（约199.5元）

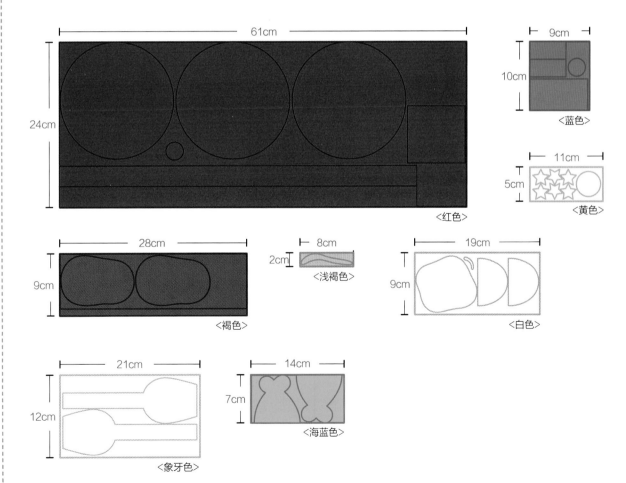

61cm

24cm

〈红色〉

9cm

10cm

〈蓝色〉

11cm

5cm

〈黄色〉

28cm

9cm

〈褐色〉

8cm

2cm

〈浅褐色〉

19cm

9cm

〈白色〉

21cm

12cm

〈象牙色〉

14cm

7cm

〈海蓝色〉

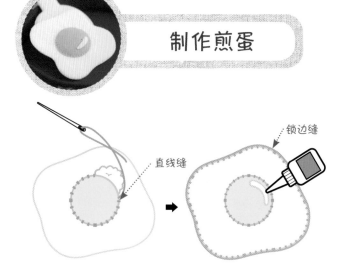

制作煎蛋

制作牛排

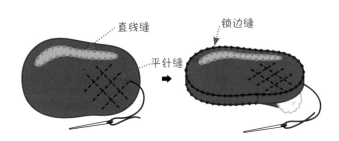

锁边缝

直线缝

1 将蛋黄叠放在蛋清上,沿蛋黄边缘进行直线缝缝制,在缝制的过程中,填充棉花(黄色双股线)。

2 将蛋清沿边缘锁边(白色双股线),用黏合剂将蛋黄上的光泽粘在蛋黄上。

直线缝 锁边缝
平针缝

1 用直线缝将牛排上的花纹缝在牛排上(浅褐色双股线),再用平针缝缝出牛排上的花纹(褐色4股线)。

2 将正反两面牛排与侧面用锁边缝连接(褐色双股线),在锁边的过程中,填充棉花。

制作鱼

直线缝

轮廓针

平针勾缝　布艺棉　锁边缝

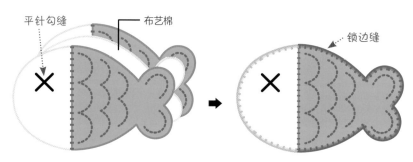

1 用直线缝将鱼头和鱼身缝制在一起(天蓝色双股线),平针勾缝出鱼的眼睛(黑色8股线)。用轮廓针绣出鱼鳞(蓝色4股线),按照相同的方法缝制出鱼的另一面。

2 裁剪布艺棉时,注意将布艺棉裁剪得比鱼身体窄一圈,将布艺棉夹在两片鱼身中间,沿边缘进行锁边(鱼头用白色双股线,鱼身用蓝色双股线)。

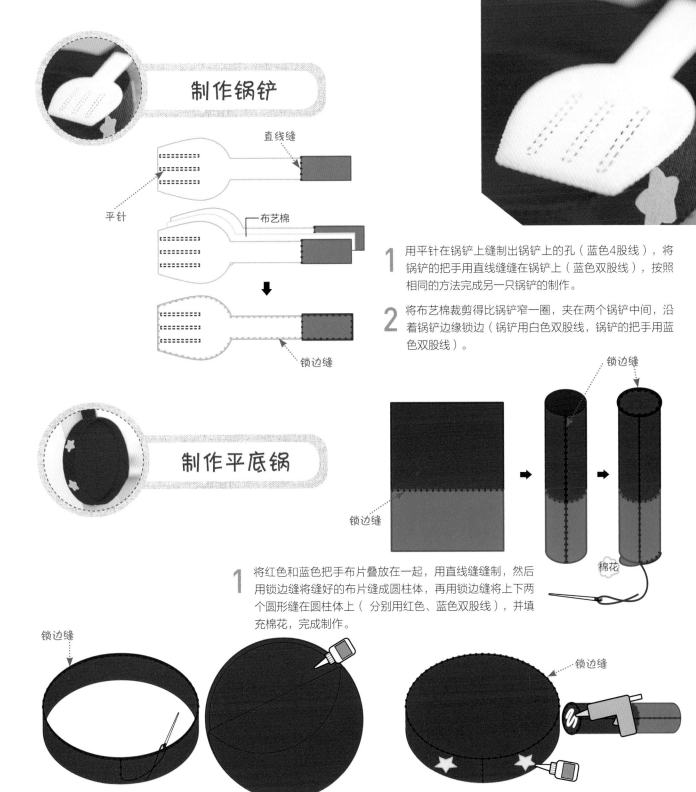

制作锅铲

直线缝

平针

布艺棉

锁边缝

1 用平针在锅铲上缝制出锅铲上的孔（蓝色4股线），将锅铲的把手用直线缝缝在锅铲上（蓝色双股线），按照相同的方法完成另一只锅铲的制作。

2 将布艺棉裁剪得比锅铲窄一圈，夹在两个锅铲中间，沿着锅铲边缘锁边（锅铲用白色双股线，锅铲的把手用蓝色双股线）。

制作平底锅

锁边缝

锁边缝

棉花

1 将红色和蓝色把手布片叠放在一起，用直线缝缝制，然后用锁边缝将缝好的布片缝成圆柱体，再用锁边缝将上下两个圆形缝在圆柱体上（分别用红色、蓝色双股线），并填充棉花，完成制作。

锁边缝

锁边缝

2 将2个平底锅的侧面重叠，只对侧面的上部边缘锁边（红色双股线），裁剪出的3张底盘中，用于中间的底盘需要比上下两张底盘窄一圈，用少量黏合剂将3张底盘粘在一起。

3 将底盘与侧面用锁边缝连接（红色4股线），再用热熔胶枪将平底锅把手和用于装饰的星星粘在平底锅上。

31

宝贝可以层层堆积的

三明治玩具

制作三明治玩具

裁剪毛毡布

象牙色： 切片面包×4
浅黄色： 芝士×2
草绿色： 生菜叶×1
红色： 西红柿×2
浅土黄色： 切片面包侧面×4
白色： 煎蛋蛋清×2，煎蛋蛋黄上的光泽×1
绿色： 黄瓜皮×6
黄绿色： 黄瓜瓤×3
橘黄色： 西红柿瓤×5
黄色： 煎蛋的蛋黄×1

准备材料

毛毡布： 象牙色、浅黄色、草绿色、红色、浅土黄色、白色、绿色、黄绿色、橘黄色、黄色
线： 1（白色）、6（黄色）、7（橘黄色）、12（红色）、19（浅绿色）、20（绿色）
辅助材料： 针、剪刀、气消笔、水滴状棉花、黏合剂
预计花费：9000韩元（约51.5元）　　预计制作时间：3小时　　预计售价：25000韩元（约142.5元）

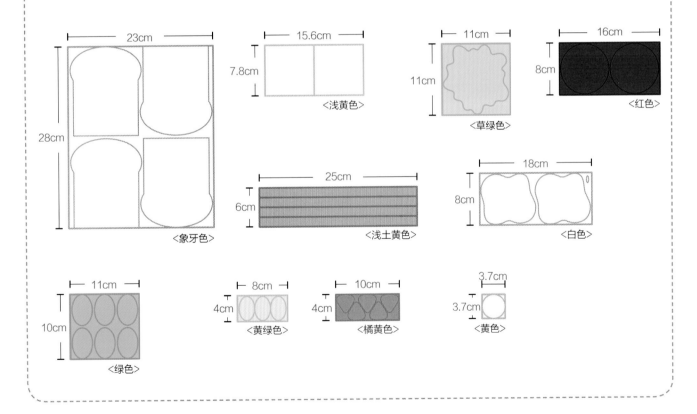

< 象牙色 >　< 浅黄色 >　< 草绿色 >　< 红色 >　< 浅土黄色 >　< 白色 >　< 绿色 >　< 黄绿色 >　< 橘黄色 >　< 黄色 >

制作切片面包

锁边缝

将面包边与两张面包片用锁边缝连接在一起（白色双股线），并填充棉花。填充棉花时要保持面包柔软。

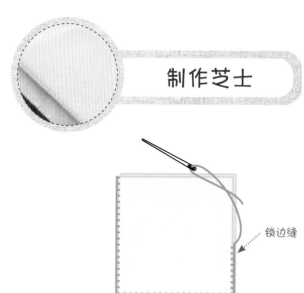

制作芝士

锁边缝

将两片芝士重叠，沿边缘进行锁边（黄色双股线）。

制作西红柿

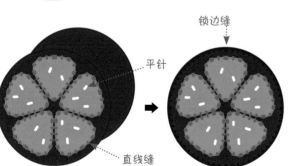

锁边缝

平针

直线缝

1 将5个西红柿瓤放在西红柿皮上，用直线缝沿西红柿瓤的边缘进行缝制（橘黄色双股线），再用平针勾缝出西红柿籽（白色8股线）。

2 将1个西红柿皮叠放在刚才制作的西红柿皮之下，沿边缘进行锁边（红色双股线）。

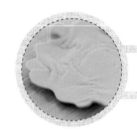

制作生菜叶

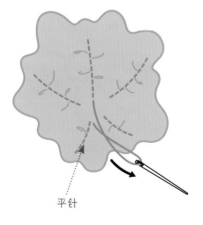

沿着生菜叶上的虚线进行平针缝制，每针间隔5mm（浅绿色4股线），轻轻拽紧线，形成褶皱，最后在生菜叶背面收针。

平针

制作黄瓜片

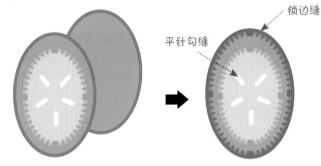

锁边缝

平针勾缝

将一个黄瓜瓤别放在黄瓜皮上，沿边缘进行锁边（浅绿色双股线）。用平针勾缝出黄瓜籽（白色8股线），再在背面叠上一张黄瓜皮，沿边缘进行锁边（绿色双股线），以相同的方法制作另外2个黄瓜片。

制作煎蛋

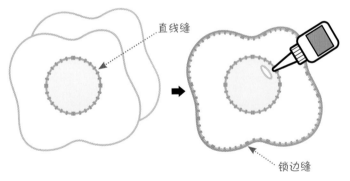

直线缝

锁边缝

1 将蛋黄叠放在蛋清上，用直线缝沿蛋黄边缘缝制（黄色双股线）。

2 将两张蛋清叠放在一起，沿着蛋清边缘进行锁边（白色双股线），再用黏合剂将蛋黄上的光泽粘在蛋黄上。

让宝宝认识多种图形的

图案书

동그라미

500

制作图案书

裁剪毛毡布

象牙白：38cm×19cm底布×6，三瓣球×2，封口带×2

红色：1~2页的大圆圈×2，第1页的小圆圈×1，第2页的文字（圆圈）×1，3~4页的内衬布×1，第3页球的花纹×1，第5页蝴蝶翅膀上的花纹×4，第9页的星星×4，第11页蝴蝶结中间的圆圈×1

浅绿色：第1页的三角形×1，第3页的西瓜×2，第3页的西瓜把儿×1，第4页的大三角形×2，第4页的文字（韩文"三角形"）×1，5~6页的内衬布×1，第5页的树木×2，第7页的电视按钮×1，第7页的礼物×2，第11页的桃子叶×1，第11页的桃子把儿×1，第11页的四叶草柄×1，第11页的四叶草叶片×5

蓝色：第3页的数字（500）×1，第3页西瓜上的花纹×2，第5页帆船的条纹×1，第6页大四角形×2，第6页的文字（韩文"四角形"）×1，7~8页的内衬布×1，第7页的电视×1，封口带装饰×2

黄色：第1页的文字（韩文"世界"）×1，第3页的花心×2，第3页的球顶点×2，第5页的树干×1，第5页的蝴蝶翅膀×3，第5页的冰淇淋蛋卷×2，第7页的电视按钮×1，第8页的大星星×2，第8页的文字（韩文"五角星"）×1，第9页的星星×6，第11页的心形×3，第11页的飘带×2

深粉色：第3页的花朵×1，第5页的冰淇淋×1，第7页的礼物包装缎带×2，第7页的礼物包装蝴蝶结×1，第10页的大心形×2，第10页的文字（韩文"心形"）×1，第11页的桃子×2

灰色：第3页的硬币×2，第5页的帆船×1，第7页的电视画面×2

海蓝色：第1页的文字（韩文"图形"）×1，第3页球的条纹×1，第5页的冰淇淋×1，第5页的船帆×2，第7页的房子×2，第7页的汽车车窗×2，第9页的星星×4

准备材料

毛毡布：象牙白、红色、浅绿色、蓝色、黄色、深粉色、灰色、海蓝色

线：2（象牙色）、6（黄色）、10（深粉色）、12（红色）、16（海天蓝）、17（蓝色）、19（浅绿色）、24（灰色）

辅助材料：针、剪刀、气消笔、布艺棉、圆形磨术贴（圆毛&刺毛）、皮绳、棉绳、黏合剂、热熔胶枪、打孔器

预计花费：32000韩元（约182.5元）　**预计制作时间**：10小时　**预计售价**：100000韩元（约570元）

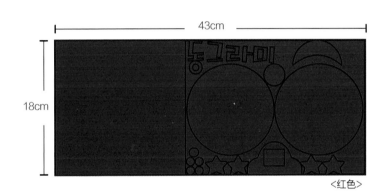

43cm
18cm
〈红色〉

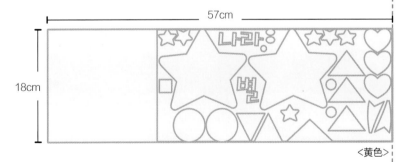

57cm
18cm
〈黄色〉

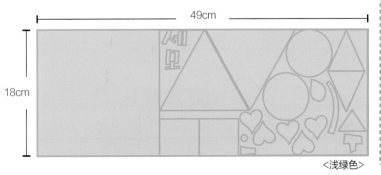

49cm
18cm
〈浅绿色〉

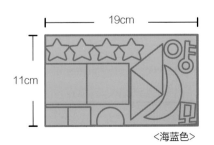

19cm
11cm
〈海蓝色〉

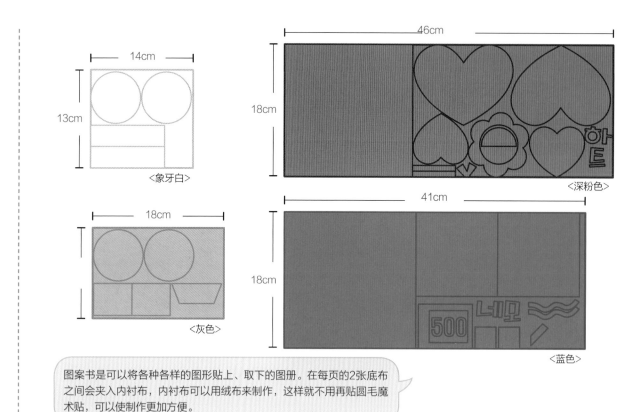

14cm

13cm

<象牙白>

46cm

18cm

<深粉色>

18cm

<灰色>

41cm

18cm

<蓝色>

图案书是可以将各种各样的图形贴上、取下的图册。在每页的2张底布之间会夹入内衬布，内衬布可以用绒布来制作，这样就不用再贴圆毛魔术贴，可以使制作更加方便。

制作第1~2页

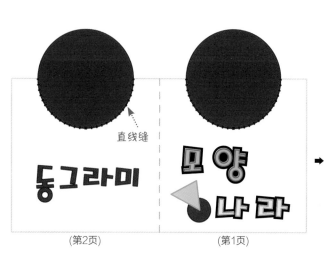

直线缝

（第2页）

（第1页）

锁边缝

1 将38cm×19cm的底布对折，用热熔胶枪将文字、圆圈贴在第2页上，将韩文"图形世界"和三角形、小圆形贴在第1页上。如图所示将大圆形下半部叠放在底布上，并用直线缝将大圆形下端与底布缝制在一起（红色双股线）。

2 将底布对折，沿底布边缘进行锁边（象牙色双股线），在锁边的同时将两个大圆圈重叠在一起，并沿大圆圈上半部分边缘进行锁边（红色双股线）。

制作第3~4页

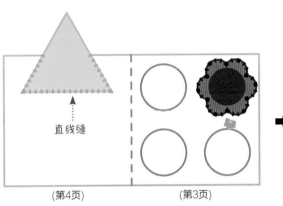

锁边缝
夹缝

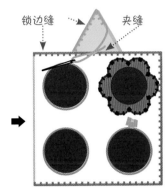

直线缝

（第4页）　　　　（第3页）

1 将38cm×19cm的底布对折，将大三角形下半部分叠放在第4页上，用直线缝沿着三角形下半部进行缝制（浅绿色双股线），在第3页上抠出4个圆形，用直线缝将花瓣和西瓜把儿缝在圆圈周围（分别用深粉色、浅绿色双股线）。

2 将底布对折并夹入红色内衬布，沿着底布边缘锁边。在锁边的同时，将另一个大三角形夹缝进去（象牙色双股线）。将两张大三角形重叠，沿着大三角形上半部分进行锁边（浅绿色双股线）。

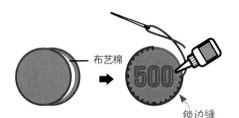

布艺棉
锁边缝

3 在两张硬币之间夹入布艺棉，沿着硬币边缘锁边（灰色双股线），用黏合剂将数字（500）粘在硬币上。裁剪布艺棉时，要注意布艺棉需要比硬币窄2mm左右。最后用热熔胶枪将圆形刺毛魔术贴粘在硬币背面。

布艺棉
锁边缝

4 将布艺棉夹在两张花心中间，沿着花心边缘锁边（黄色双股线），裁剪时注意布艺棉要比花心窄2cm左右。用热熔胶枪将圆形刺毛魔术贴粘在花心背面。

布艺棉
锁边缝

5 用直线缝将皮球条纹缝在象牙白色的球面上（分别用红色、海天蓝色双股线）。在两张球片之间夹入布艺棉，沿着球的边缘锁边（象牙色双股线），用黏合剂在球的上下两端粘贴上球的顶点。用热熔胶枪将圆形刺毛魔术贴粘在球的背面。

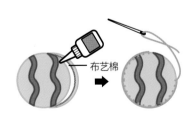

布艺棉

6 用黏合剂将两条西瓜花纹粘在西瓜上，将布艺棉夹在两片西瓜中间，沿着西瓜边缘锁边（浅绿色双股线），用热熔胶枪将圆形刺毛魔术贴粘在西瓜背面。

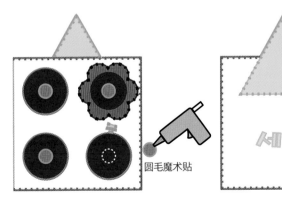

圆毛魔术贴

7 用热熔胶枪将圆形圆毛魔术贴分别粘在第3页的红色内衬布的圆圈中。用黏合剂将韩文"三角形"粘在第4页上。

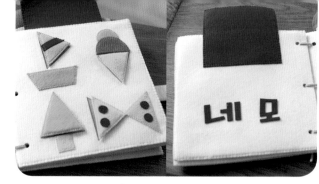

制作第5~6页

1 将38cm×19cm的底布对折，将大四角形下半部分叠放在第6页上，用直线缝沿着四角形下半部进行缝制（蓝色双股线），在第5页上抠出4个三角形，用直线缝将帆船、冰淇淋、树干、蝴蝶翅膀缝在三角形周围（线的颜色与图形颜色相近即可）。

2 将底布对折并夹入浅绿色内衬布，沿着底布边缘锁边。在锁边的同时，将另一个大四角形夹缝进去（象牙色双股线）。将两张大四角形重叠，沿着大四角形上半部分进行锁边（蓝色双股线）。用黏合剂将蝴蝶翅膀上的花纹粘在翅膀上。

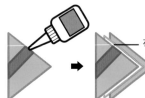

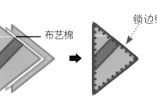

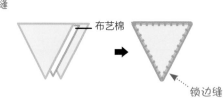

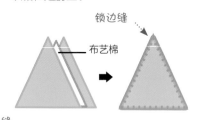

3 用黏合剂将船帆上的条纹粘在船帆上。在两张船帆之间夹入布艺棉，沿着船帆边缘锁边（海天蓝色双股线）。裁剪布艺棉时，要注意布艺棉需要比船帆窄2mm左右。最后用热熔胶枪将圆形刺毛魔术贴粘在船帆背面。

4 将布艺棉夹在两张冰淇淋蛋卷中间，沿着冰淇淋蛋卷边缘锁边（黄色双股线），裁剪时注意布艺棉要比冰淇淋蛋卷窄2cm左右。用热熔胶枪将圆形刺毛魔术贴粘在冰淇淋蛋卷背面。

5 将布艺棉夹在两张树中间，沿着树边缘锁边（浅绿色双股线），裁剪时注意布艺棉要比树窄2cm左右。用热熔胶枪将圆形刺毛魔术贴粘在树的背面。

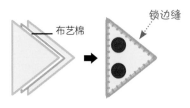

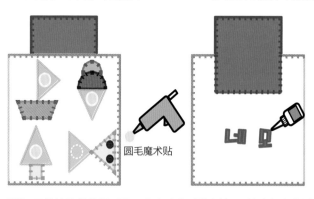

6 将布艺棉夹在两片蝴蝶翅膀中间，沿着蝴蝶翅膀边缘锁边（黄色双股线）。用黏合剂将蝴蝶翅膀上的花纹粘在翅膀上，用热熔胶枪将圆形刺毛魔术贴粘在蝴蝶翅膀背面。

7 用热熔胶枪将圆形圆毛魔术贴分别粘在第5页的浅绿色内衬布的三角形中。用黏合剂将韩文"四角形"粘在第6页上。

制作第7~8页

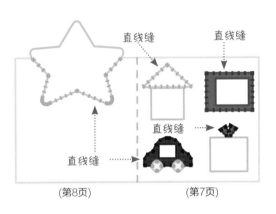

直线缝

直线缝

直线缝

直线缝

直线缝

（第8页）　　　　　　（第7页）

锁边缝

1 将38cm×19cm的底布对折，将大五角星下半部分叠放在第8页上，用直线缝沿着五角星下半部进行缝制（黄色双股线），在第7页上抠出4个四角形，用直线缝将屋顶、电视、汽车和包装缎带缝在四角形周围（线的颜色与图形颜色相近即可）。

2 将底布对折并夹入蓝色内衬布，沿着底布边缘锁边。在锁边的同时，将另一个大五角星夹缝进去（象牙色双股线）。将两张大五角星重叠，沿着大五角星上半部分进行锁边（黄色双股线）。用黏合剂将电视按钮粘在电视上。

布艺棉

3 分别在两张电视画面、房子、汽车车窗之间夹入布艺棉，沿着边缘锁边（分别用海天蓝色、灰色双股线）。最后用热熔胶枪将圆形刺毛魔术贴粘在背面。

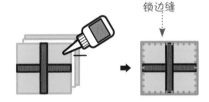

锁边缝

4 用黏合剂将礼物包装缎带粘在礼物上。将布艺棉夹在两张礼物中间，沿着礼物边缘锁边（浅绿色双股线）用热熔胶枪将圆形刺毛魔术贴粘在树的背面。

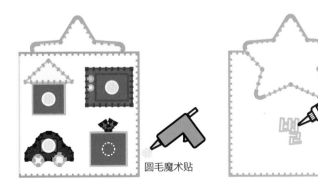

圆毛魔术贴

5 用热熔胶枪将圆形圆毛魔术贴分别粘在第7页的蓝色内衬布的四角形中。用黏合剂将韩文"五角星"粘在第8页上。

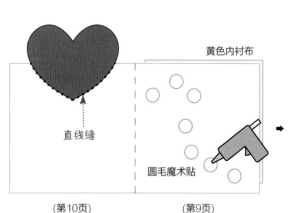

黄色内衬布

直线缝

圆毛魔术贴

(第10页)　　　(第9页)

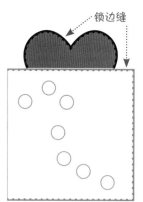

锁边缝

1 将38cm×19cm的底布对折，将大心形下半部分叠放在第10页上，用直线缝沿着心形下半部进行缝制（深粉色双股线），用热熔胶枪将圆形圆毛魔术贴按照北斗七星的样子粘在第9页上。

2 将底布对折并夹入黄色内衬布，沿着底布边缘锁边。在锁边的同时，将另一个大心形夹缝进去（象牙色双股线）。将两张大心形重叠，沿着大心形上半部分进行锁边（深粉色双股线）。

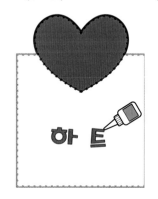

3 用黏合剂将韩文"心形"粘在第10页上。

锁边缝

4 如图所示，将颜色相同的两个小五角星重叠锁边。在锁边的同时将棉绳加缝进去，1根棉绳上共缝制7颗五角星。每颗星星的间距与第9页上北斗七星模样的圆毛魔术贴的间距一致，用热熔胶枪将圆形刺毛魔术贴粘在7颗星星的背面。

锁边缝

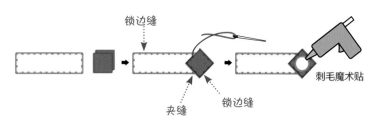

夹缝　　锁边缝　　刺毛魔术贴

1 将两张象牙色封口带重叠在一起，并沿边缘进行锁边（象牙色的双股线），将两个蓝色封口带上的装饰物重叠锁边。锁边的同时，将封口带夹缝进去（蓝色双股线）。再用热熔胶枪将圆形刺毛魔术贴粘在蓝色装饰物的背面。

226

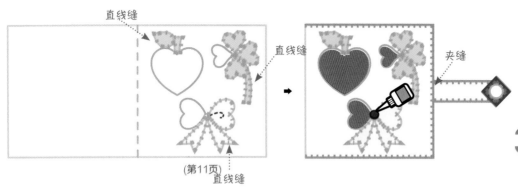

将38cm×19cm的底布对折，在第11页上抠出3个心形，然后用直线缝将桃子叶、桃把儿、四叶草的叶子、四叶草的柄、蝴蝶结的1个心形、蝴蝶结的飘带缝在底布上（线的颜色与图形颜色相近即可）。再用轮廓针绣出蝴蝶结上的花纹（红色双股线）。

3 将底布对折并夹入深粉色内衬布，沿着底布边缘锁边。在锁边的同时，将封口带夹缝进去（象牙色双股线）。用黏合剂将蝴蝶结中间的圆贴在蝴蝶结上。

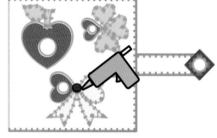

4 在两张桃子和蝴蝶结的心形布片之间夹入布艺棉，沿着边缘锁边（分别用深粉色、黄色双股线）。裁剪布艺棉时，要注意布艺棉需要比桃子和蝴蝶结的心形窄2mm左右。用轮廓针绣出蝴蝶结上的花纹（红色双股线）。最后用热熔胶枪将圆形刺毛魔术贴粘在心形的背面。

5 将布艺棉夹在两张四叶草中间，沿着四叶草边缘锁边（浅绿色双股线）。用热熔胶枪将圆形刺毛魔术贴粘在四叶草背面。

6 用热熔胶枪将圆形圆毛魔术贴分别粘在第11页的深粉色内衬布上。

组装图案书

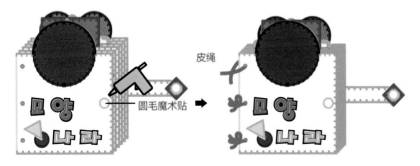

1 用热熔胶枪将圆毛魔术贴粘在第1页上，与封口带上的刺毛魔术贴相对应。

2 用打孔器在所有页面的左侧打孔，并用皮绳穿好。

红色、黄色、蓝色

多彩颜色书

制作多彩颜色书

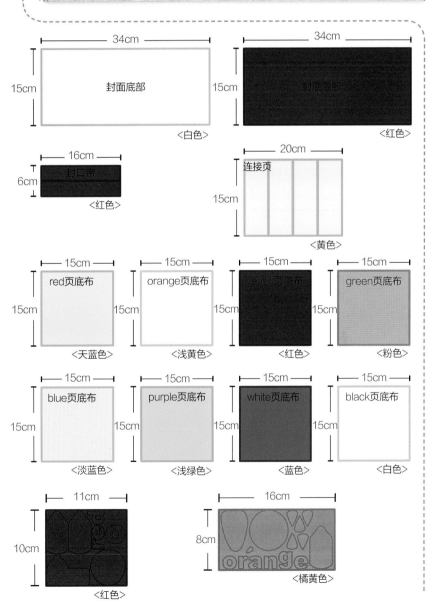

适用年龄
6个月以上

✂ 裁剪毛毡布

天蓝色: red页底布×1

浅黄色: orange页底布×1

红色: 封底×1, 封口带×2, yellow页底布×1, red页上的铅笔×1, red页上的草莓×1, red页上的消防车×1, red页上的字母×1, 封面上的字母(o)×1, 封面上的铅笔×1

粉色: green页底布×1

淡蓝色: blue页底布×1

浅绿色: purple页底布×1

蓝色: white页底布×1, blue页上的铅笔×1, blue页上的云朵×1, blue页上的气球×1, blue页上的字母×1, purple页上的茄子蒂×1, black页上的鲸鱼喷出的水柱×1, 封面上的字母(l)×1, 封面上的铅笔×1

白色: 封面的底布×1, black页底布×1, white页上的铅笔×1, white页上的羊的身体×1, white页上的羊头×1, white页上的雪人×1, white页上的字母×1, black页上的汽车车窗×1, black页上的鲸鱼肚子×1

绿色: red页上的草莓蒂×1, orange页上的胡萝卜缨子×1, green页上的铅笔×1, green页上的西瓜×1, green页上的树木×1, green页上的字母×1, 封面上的字母(r)×1

象牙色: 铅笔头×11, red页上消防车车窗×1, orange页上的橘子内皮×1

黑色: red页上消防车上的梯子×1, red页上消防车轮子×1, white页上的雪人的帽子×1, black页上的铅笔×1, black页上的汽车×1, black页上的鲸鱼×1, black页上的字母×1

橘黄色: orange页上的铅笔×1, orange页上的橘子外皮×1, orange页上的橘子瓤×5, orange页上的字母×1, yellow页上的胡萝卜×1, white页上的雪人鼻子×1

黄色: 连接页×4, yellow页上的铅笔×1, yellow页上的星星×1, yellow页上的香蕉×1, yellow页上的字母×1, white页上的羊脸×1, 封面上的字母(o)×1, 封面上的铅笔×1

褐色: green页上的树干×1, white页上的羊角×1

紫色: purple页上的铅笔×1, purple页上的葡萄×1, purple页上的帖子×1, purple页上的字母×1, 封面上的字母(c)×1

浅紫色: purple页上的葡萄籽×1

准备材料

毛毡布: 天蓝色、浅黄色、红色、粉色、淡蓝色、浅绿色、蓝色、白色、绿色、象牙色、黑色、橘黄色、黄色、褐色、紫色、浅紫色

线: 1(白色)、6(黄色)、7(橘黄色)、12(红色)、14(紫色)、17(蓝色)、20(绿色)、22(褐色)、26(黑色)

辅助材料: 针、剪刀、气消笔、皮绳、黏合剂、热熔胶枪、打孔器

预计花费: 22000韩元(约125.5元)　预计制作时间: 10小时　预计售价: 80000韩元(约456元)

34cm / 15cm　封面底部　〈白色〉

34cm / 15cm　封底底部　〈红色〉

16cm / 6cm　封口带　〈红色〉

20cm / 15cm　连接页　〈黄色〉

15cm / 15cm　red页底布　〈天蓝色〉

15cm / 15cm　orange页底布　〈浅黄色〉

15cm / 15cm　yellow页底布　〈红色〉

15cm / 15cm　green页底布　〈粉色〉

15cm / 15cm　blue页底布　〈淡蓝色〉

15cm / 15cm　purple页底布　〈浅绿色〉

15cm / 15cm　white页底布　〈蓝色〉

15cm / 15cm　black页底布　〈白色〉

11cm / 10cm　〈红色〉

16cm / 8cm　orange　〈橘黄色〉

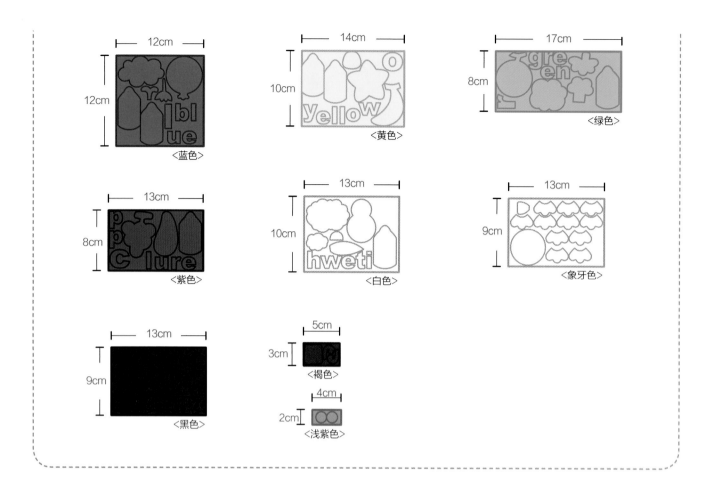

制作red页面

与连接页重叠5mm

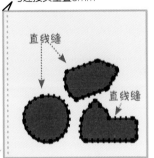

直线缝
直线缝

直线缝
直线缝
直线缝

red
直线缝
平针勾缝

页面制作完成后，需要在页面的左边（或者右边）与连接页连接在一起，所以要在页面预留出5mm左右。注意标示出的虚线。

1 用直线缝在底布上缝上铅笔、草莓、消防车（红色双股线）。

2 然后用直线缝缝上草莓蒂、铅笔头、消防车车门、梯子、轮子（线的颜色与图案的颜色相近即可）。

3 用法式结绣出草莓籽（黑色8股线），用平针勾缝出轮子上的花纹（白色8股线），用黏合剂将字母"red"粘贴在底布上。

制作orange页面

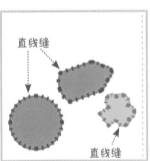

直线缝
直线缝

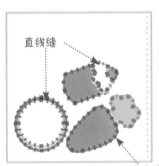

直线缝
直线缝

orange

1 用直线缝将铅笔、橘子外表皮、胡萝卜缨子缝在底布上（分别用橘黄色、绿色双股线）。

2 用直线缝将铅笔头，橘子、胡萝卜缝在底布上（分别用白色、橘黄色双股线）。

3 用直线缝将橘子瓤缝在底布上（橘黄色双股线），用黏合剂将字母"orange"粘在底布上。

制作yellow页面

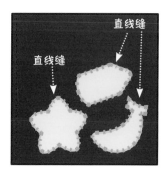

1 用直线缝将铅笔、星星、香蕉缝在底部上（黄色双股线）。

2 用直线缝将铅笔头缝在底布上（白色双股线），用平针缝出香蕉上的曲线（橘黄色8股线），用黏合剂将字母"yellow"缝在底布上。

制作green页面

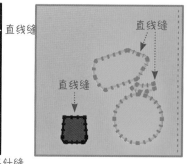

1 用直线缝将铅笔、西瓜、树干缝在底上（分别用绿色、褐色双股线）。

2 用直线缝将铅笔头、树叶缝在底布上（分别用白色、绿色双股线），用直线缝缝出西瓜上的纹路（黑色4股线），用黏合剂将字母"green"粘在底布上。

制作blue页面

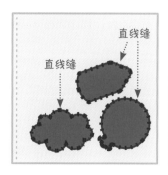

1 用直线缝将铅笔、云朵、气球缝在底布上（蓝色双股线）。

2 用直线缝将铅笔头缝在底布上（白色双股线），用法式结绣出云朵的眼睛，用平针缝缝出云朵的嘴和气球上的曲线（白色8股线），用黏合剂将字母"blue"粘在底布上。

制作purple页面

直线缝

直线缝

purple

直线缝

直线缝

1 用直线缝将铅笔、葡萄、橘子缝在底布上（紫色双股线）。

2 用直线缝将铅笔头、葡萄籽、茄子蒂缝在底布上（线的颜色与图案的颜色相近即可），用黏合剂将字母"purple"粘在底布上。

制作white页面

直线缝

1 用直线缝将铅笔、羊身体、雪人缝在底布上（白色双股线）。

直线缝

white

法式结

2 用直线缝将铅笔头、羊脸、羊角、雪人的鼻子缝在底布上（线的颜色与图案的颜色相似即可）。

3 用直线缝将羊头、雪人的帽子缝在底布上（分别用白色、黑色双股线）。用法式结绣出羊和雪人的眼睛（黑色8股线），用黏合剂将字母"white"粘在底布上。

制作black页面

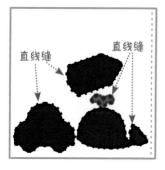

1 用直线缝将铅笔、汽车、鲸鱼和鲸鱼喷出的水柱缝在底布上（分别使用黑色、蓝色双股线）。

2 用直线缝将铅笔头、汽车车窗、鲸鱼肚子缝在底布上（白色双股线），用法式结绣出鲸鱼的眼睛（白色8股线），用平针缝出鲸鱼肚子上的花纹（黑色8股线）。

制作封面

1 将封面上的字母"color"用热熔胶枪粘在黑色碎布上，在黑色碎布轮廓边缘留出2mm左右，将字母裁剪下来。

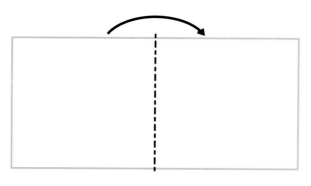

2 将封面底布对折，沿边缘进行锁边（白色8股线）。

3 将字母"color"粘在封面上，用直线缝将3种颜色的铅笔缝在封面上（线的颜色与图案的颜色相近即可），在与封口带相对应的位置上缝上扣子。

组装并完成制作

5mm

直线缝

1 把连接页叠放在orange页面的右边和red页面的左边，用直线缝缝制（黄色双股线）。

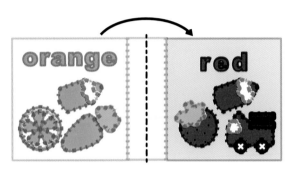

锁边缝

2 将连接好的页面对折，沿边缘进行锁边（黄色双股线），按照相同的方法将其他页面制作完成。

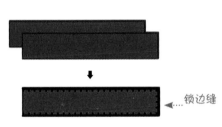

锁边缝

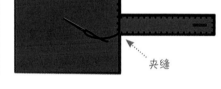

锁边缝

夹缝

3 将两张封口带叠放在一起，沿边缘锁边（红色双股线）

4 将封底对折，沿边缘进行锁边。在锁边的过程中，将封口带夹缝进去（红色双股线），并用剪刀在红色封口带的另一端剪出扣眼。

5 用打孔器在所有页面的左侧打孔，用皮绳装订成册。